청소년을 위한

교실 밖 인공지능 수업

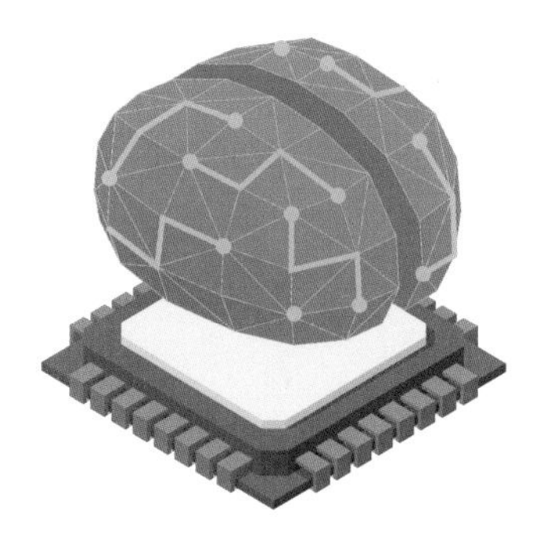

청소년을 위한

교실 밖 인공지능 수업

김현정 지음

우리의 상상을

미래의 현실로 만들어가는

인공지능의 세계를 탐험하다

궁리
KungRee

들어가며

우리 청소년들은 아주 바쁜 스케줄로 하루를 보냅니다. '대학'이라는 목표를 위해 다양한 지식들을 흡수하며 전력질주하는데요. 영어단어를 외우고 수학문제를 하나라도 더 푸는 것이 입시를 위해 필요한 일이지만, 새로운 미래를 준비해야 하는 세대에게 이것만으로 충분할까라는 생각도 듭니다. 세상이 급격히 변화하는 지금 여기에서 그 흐름을 이해할 수 있는 지혜도 필요한데 말이지요.

우리나라는 2020년부터 모든 국민이 인공지능 교육을 받을 수 있도록 체계를 마련하고 있습니다. 2022년까지 초·중등교육에 인공지능이 필수 교과과정으로 들어가게 되고, 초등학교 선생님이 되기 위해서는 교대에서 인공지능 과목을 필수로 이수해야 합니다. 심지어 모든 군 장병과 공무원 임용자는 '인공지능 소양교육'을 필수로 받아야 하고, 일반 국민 대상으로는 온·오프라인 인공지능 평생교육 기회를 제공한다고 하는데요. 초·중등교육부터 평생교육까지 정말 모든 사람에게 인공지능 공부는 필수라는 생각이 들 정도입니다.

그런데 왜 이렇게 인공지능 교육을 강조하는 걸까요? 그동안 인공지능을 몰라도 큰 불편 없이 살아왔는데 말이죠. 그 이유는 인공지능을 중심으로 모든 산업이 변화하고 있기 때문입니다. 실제로 인간의 역할을 대체할 수 있는 기술들이 발전하면서 무서운 속도로 인공지능 산업이 성장하고 있고, 그동안 전문직의 영역이라고 생각했던 직업군을 대체할 수 있는 수준까지 이르고 있습니다. 앞으로는 인공지능을 활용해 업무를 수행할 시대가 곧 올 것이기 때문에 우리 모두가 인공지능을 이해하고 활용하는 방법을 배워야 하는 시대에 살고 있지요.

미래학자들은 인공지능을 잘 활용하는 사람과 기업이 기회를 얻을 수 있다고 말하고 있는데요. 그렇기 때문에 우리 스스로가 인공지능과 어떻게 공존할지, 인공지능을 어떻게 활용해야 하는지를 적극적으로 고민해볼 필요가 있습니다.

변화의 중심에 인공지능이 있지만, 바쁜 하루를 보내는 우리 청소년들에게는 다른 세상의 이야기일 수 있는데요. 이런 청소년들을 위해 교실 밖 세상을 소개하면 좋겠다는 생각이 들었습니다. 이것이 『청소년을 위한 교실 밖 인공지능 수업』을 집필하게 된 이유이지요.

이 책은 2개의 파트로 구성되어 인공지능 개념과 함께 인공지능이 우리 생활 곳곳에서 어떻게 활용되는지를 소개하고 있습니다. 파트1에서는 인공지능의 정의는 무엇이고, 기계학습과 인공신경망 등 인공지능 분야에서 자주 접할 수 있는 개념을 함께 살펴보고자 합니다. 파트2에서는 번역, 객체 인식, 글자 인식 등 다양한 영역에서 어떻게 인공지능기술이 활용되고 있는지를 소개하고, 나아가 엔트리에서 제공하는 인공지능 블록의 활용 사례를 공유할 예정입니다.

인공지능기술은 우리의 상상을 미래의 현실로 구현하는 대표적인 4차 산업혁명기술입니다. 그렇기 때문에 인공지능을 공부하는 것이 미래를 준비하는 과정이기도 한데요. 새로운 미래를 준비하는 여러분들을 위해 이제부터 '교실 밖 인공지능 수업'을 시작하도록 하겠습니다.

차례

PART 2
인공지능은 어디에 활용되지?

Part 1

인공지능은 무엇일까?

영화 속에서 인공지능을 보다

영화 제목 '에이아이(AI)'는 인공지능(Artificial Intelligence)을 뜻합니다. '자연' 혹은 '천연'의 반대말이기도 한 '인공'이라는 용어는 인간이 자연적인 것을 모방하거나 인위적으로 만들 때 사용하는데요. 인공향료, 인공색소, 인공호수 등이 그 예이지요. 두산백과사전에서는 '인공지능'을 컴퓨터가 인간의 지능적인 행동을 모방할 수 있도록 하는 것으로 정의하고 있습니다. 즉, '인공지능'이란 인간의 뇌 사고 과정을 모방하여 인위적으로 만들어진 지능을 말하지요.

사랑받고 싶은 로봇, 에이아이(A.I.)

01

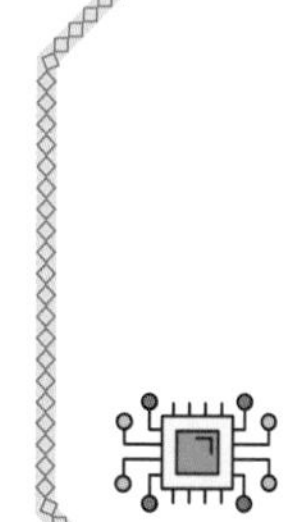

엄마의 사랑을 갈구했던 로봇이 있었습니다. 이 로봇은 바로 스티븐 스필버그 감독의 2001년작 영화 〈에이아이〉의 주인공인데요.

영화 속 현실에서는 로봇이 인간의 일을 대신하는 미래의 상상이 펼쳐집니다. 인간처럼 생각하고 학습할 수 있는 인공지능 로봇이 대중화된 세상. 인간의 끝없는 욕망으로 사랑할 줄 아는 감정이 있는 로봇이 마침내 개발됩니다.

영화 〈에이아이〉 포스터

11살 남짓해 보이는 로봇의 이름은 '데이비드'.

데이비드는 불치병 아들이 있는 스윈튼 부부에게 보내지는데요. 인간을 사랑하도록 프로그래밍된 데이비드는 가족의 따스함을 느끼지만, 행복의 순간은 그리 오래가지 않습니다. 신약 개발을 기다리며 냉동 보관된 불치병 아들 '마틴'이 퇴원하며 로봇에게 질투라는 감정이 생겼기 때문입니다.

스윈튼 부부는 마틴을 위험에 빠뜨리는 데이비드를 숲속에 버리기로 결심합니다. 이 사실을 안 데이비드는 엄마의 목을 끌어안으며 착한 아이가 되겠다고 울부짖습니다. 그리고 이렇게 애원합니다. "엄마, 나 착한 아이가 될 거니까 동화처럼 진짜 사람이 되면 집에 갈게요"

로봇은 그저 기계로 만들어진 컴퓨터가 아니었던가요? 엄마의 따뜻한 사랑을 갈구하는 데이비드를 보며 안타까운 마음에 눈시울이 뜨거워지지만, 어느새 연민은 사라지고 앞으로 다가올 미래에 두려움이 밀물처럼 밀려옵니다. 정말 이런 인공지능이 등장하게 되는 걸까요?

영화 제목 '에이아이(AI)'는 인공지능(Artificial Intelligence)을 뜻합니다. '자연' 혹은 '천연'의 반대말이기도 한 '인공'이라는 용어는 인간이 자연적인 것을 모방하거나 인위적으로 만들 때 사용하는데요. 인공향료, 인공색소, 인공호수 등이 그 예이지요. 두산백과사전에서는 '인공지능'을 컴퓨터가 인간의 지능적인 행동을 모방할 수 있도록 하는 것으로 정의하고 있습니다. 즉, '인공지능'이란 인간의 뇌 사고 과정을 모방하여 인위적으로 만들어진 지능을 말하지요.

사람들은 자연의 것을 흉내내기 위해 그동안 많은 시도를 해왔습니다. 물론 컴퓨터도 예외는 아니었던 것 같습니다. 컴퓨터가 인간처럼 생각하고 인간처럼 행동하길 바라며 컴퓨터에게 지능이라

'인공지능'이란 인간의 뇌 사고 과정을 모방하여 인위적으로 만들어진 지능을 말한다.

는 것을 심어준 것을 보면요.

영화 속에 등장하는 인공지능은 지능과 감정을 갖는 강인공지능입니다. 강인공지능은 진짜 사람처럼 행동하는 인공지능을 말하는데요. 다양한 분야에서 활용될 수 있기 때문에 범용 인공지능이라고 부르죠.

그럼 현재의 인공지능도 강인공지능이라고 말할 수 있을까요? 그렇지 않습니다. 현재의 인공지능은 일정한 순서와 틀이 정해진 업무에 적용이 가능한 약인공지능이기 때문에 그런데요. 그렇기 때문에 특정 분야에서만 활용이 가능하고 여러 가지 한계가 존재하죠. 업무가 끊임없이 변화하고, 소통과 설득, 그리고 창의성이 필요한 영역은 약한 인공지능에게 아직은 적용하기 어려운 분야입니다.

02 AI 로봇이 공존하는 2035년, 아이로봇

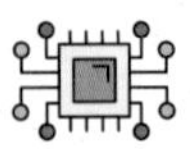

로봇이 우리 삶의 동반자가 되어버린 2035년. 인간의 안전을 최우선으로 생각해야 하는 로봇에는 '로봇 3원칙'이 심어져 있습니다.

원칙 1. 로봇은 인간을 다치게 해서는 안 되고, 위험에 처한 인간을 방관해서도 안 된다.

원칙 2. 원칙 1에 위배되지 않는 한, 로봇은 인간의 명령에 복종해야만 한다.

원칙 3. 원칙 1, 2에 위배되지 않는 한, 로봇은 스스로를 보호해야만 한다.

2004년 개봉한 영화 〈아이로봇〉의 시대에 살고 있는 사람들은 로봇 3원칙 때문에 로봇을 절대적으로 신뢰합니다. 사람들의 가사를 돕고 아이를 돌보는 로봇의 모델명은 NS-4. 로봇이 삶의 일부

영화 〈아이로봇〉의 한 장면

가 되어버린 미래의 세상에서는 로봇의 더 나은 발전을 기대합니다. 사람들의 로봇에 대한 신뢰가 두터운 가운데, 더 높은 지능을 가진 로봇 NS-5의 출시를 하루 앞두고 이 로봇의 창시자인 래닝 박사가 의문의 죽음을 맞이하는데요.

그의 죽음을 수사하는 형사 델 스프너는 용의자를 찾기 위해 래닝 박사 사무실을 조사합니다. 이 과정에서 사무실에서 몰래 숨어 있던 NS-5 로봇을 발견하게 되는데요. 로봇의 이름은 '써니'. 인간에게 "난 누구죠?"라고 질문할 수 있는 이 로봇은 래닝 박사의 죽음에 자신이 의심받자 "전 박사를 안 죽였어요!"라고 말하며 분노를 표출합니다.

결코 깨지지 않을 것만 같던 로봇 3원칙. 무작위로 만든 코드가 의외성을 만들면서 이 3원칙은 결국 깨지고 마는데요. 인공지능의 진화가 '인간 보호 원칙'을 실행하게 만들고 인간의 명령에 복종했던 로봇은 인류를 지키기 위해 인간을 공격하기 시작합니다. 래닝 박사를 죽음으로 내몬 인공지능의 진화, 인류를 공격하게 만드는 코드의 의외성이 정말 현실이 되는 건 아닐까요?

역사는 인공지능을 어떻게 기억할까?

두 번의 겨울을 보낸 이후에야 인공지능기술이 주목을 받을 수 있게 된 이유는 방대한 데이터를 분석할 수 있는 '빅데이터' 기술, 데이터를 여러 대의 컴퓨터로 나눠서 처리할 수 있는 '분산처리' 기술, 여러 대의 고성능 컴퓨터를 하나의 컴퓨터처럼 묶어서도 활용할 수 있는 '클라우드 컴퓨팅' 기술 등이 함께 발전하면서 인공지능 산업이 급격히 성장할 수 있는 토대가 만들어졌기 때문입니다.

최초의 인공지능 테스트, 튜링 테스트

03

기계의 지능을 고민했던 과학자 앨런 튜링을 알고 있나요? 2014년 개봉한 영화 〈이미테이션 게임〉의 주인공이기도 했던 그는 '컴퓨터 과학의 아버지'라고 불리는 인공지능 분야에 혁혁한 영향을 끼친 과학자입니다. 인공지능이라는 거대한 학문 분야의 탄생을 일찌감치 예감했을까요? 인공지능이라는 개념이 생소했던 1950년 앨런 튜링은 「계산 기계와 지성(Computing Machinery and Intelligence)」이라는 논문을 통해 기계에 지능이 있는지를 판별하는 '튜링 테스트'를 제안합니다. 기계가 사람과 구별될 수 없을 정도로 대화를 잘 이끌어간다면, 이것은 '기계가 생각하고 있다'라고 말할 수 있다는 내용이었죠.

그렇다면 튜링 테스트는 어떻게 진행될까요? 이 테스트는 컴퓨터의 지능을 판단하기 위해 3명의 참가자가 필요합니다. 2명은 사람이지만, 1명은 사람처럼 행동하는 컴퓨터여야 합니다. 각각은

★ 텔레프린터는 1940년대 사용된 전기식 타자기를 의미합니다.

서로 독립된 방에서 텔레프린터★를 통해 질문과 대답을 주고받으며 테스트에 참가합니다.

다음 그림과 같이 질문자(C)가 텔레프린터를 통해 컴퓨터(A)와 사람(B)에게 질문을 합니다. A와 B는 C의 질문에 대답을 하는데요. 질문자 C는 A와 B의 얼굴을 보지 못했기 때문에 누가 컴퓨터인지 누가 사람인지 모르는 상태입니다.

정확한 테스트 결과를 얻기 위해 여러 명의 질문자가 이 테스트에 참여합니다. 질문자들 중 33%가 5분 동안 이 둘의 대답을 보고, 누가 컴퓨터인지, 누가 사람인지를 구분하기 어렵다면, 컴퓨터가 지능을 가졌다고 판단할 수 있다는 것이 튜링 테스트의 핵심입니다.

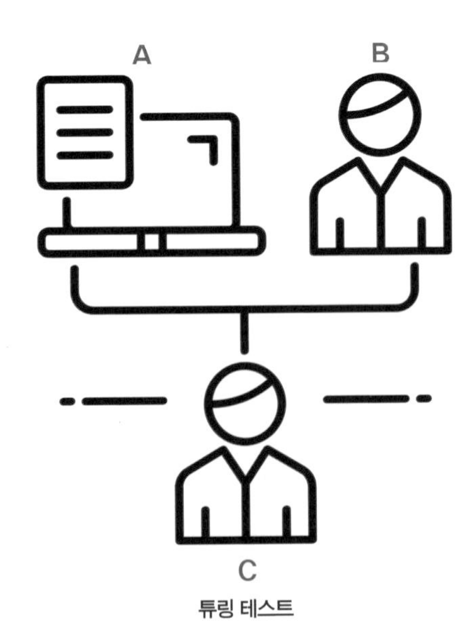

튜링 테스트

© shutterstock.com

튜링 테스트는 기계가 인간처럼 행동하는지를 테스트하고자 했던 최초의 시도였습니다. 하지만, 기계가 정말 지능적으로 동작하는지를 테스트하는 것은 아니었기 때문에 인공지능을 제대로 평가하지 못한다는 비판도 있었습니다. 인공지능이라면 사람처럼 종합적으로 사고할 수 있어야 한다고 생각했기 때문이지요. 그럼에도 불구하고 철학적인 관점으로만 여겨졌던 인공지능을 실용적인 관점에서 바라볼 수 있는 새로운 접근 방법임에는 틀림없었습니다.

04 인간과 인공지능과의 대결에서 누가 이겼을까?

2011년 미국 유명 퀴즈쇼인 〈제퍼디 퀴즈쇼〉에서 인공지능이 우승을 하며 미국 사회에서 큰 화제가 되었습니다. 퀴즈쇼에서 74회 연속 우승을 차지해 신화가 된 인물 켄 제닝스를 인공지능이 이겼기 때문인데요. 퀴즈 쇼 우승자인 인공지능의 이름은 바로 IBM이 개발한 '왓슨'입니다. 왓슨은 인터넷 백과사전 등을 포함해 2억 페이지나 되는 방대한 자료를 학습하고 퀴즈쇼에 참가했다고 하는군요.

왓슨은 사회자가 읽어주는 질문을 듣고 의미를 분석해 다른 참가자처럼 퀴즈★에 답해야 했는데요. 예를 들어, 사회자가 '주파수 단위'라는 문장을 제시하면, 이에 해당하는 질문을 해야 퀴즈를 맞출 수 있었습니다. 이런 추상적인 질문을 인공지능인 왓슨이 인간보다 빨리, 그리고 많이 풀다니 인공지능의 위력을 다시 한번 실감케 합니다.

★ 퀴즈의 답은 '헤르츠'입니다.

© 연합뉴스

2011년 〈제퍼디 퀴즈쇼〉 한 장면

2015년 구글 알파고와 이세돌의 대국은 사람들의 머릿속을 온통 '인공지능'으로 도배해놓았습니다. 대국이 시작되기 전, 사람들은 추호도 의심 없이 세계 최고 바둑기사 이세돌이 인공지능을 이길 것이라고 예측했는데요. 바둑은 체스보다 훨씬 더 복잡하고 경우의 수가 많아 컴퓨터가 인간 두뇌를 따라잡기에 어려움이 있다는 것이 이유였지요. 사실, 논리적인 이유를 떠나 사람들의 마음에는 인공지능이 절대로 인간의 영역을 따라오지 못했으면 하는 바람도 있었습니다. 하지만, 사람들의 기대와는 달리, 결과는 알파고의 대승리!

이세돌을 이긴 알파고는 수십 대의 슈퍼컴퓨터로 만들어졌습니다. 인간의 지적 능력이 이런 슈퍼컴퓨터에 비견된다는 사실에 창조물의 위대함을 느끼게 되지만, 인간을 뛰어넘는 인공지능의 학습능력에도 놀라움을 가집니다.

★ 합성곱신경망은 6교시에서 설명하고 있습니다.

알파고는 지도학습을 통해 바둑을 배웠습니다. 잘 알려진 좋은 수를 학습했고, 아마추어들의 바둑기보 16만 건을 합성곱신경망★으로 학습했다고 하는군요. 또한 수천만 개에 이르는 착점 위치 정보와 패턴을 파악해 다음 수를 예측하도록 훈련되었지요.

지도학습뿐만 아니라, 알파고에는 행동에 보상을 주는 강화학습이 적용되었는데요. 그래서 경기가 진행되는 동안 알파고는 바둑돌을 놓을 자리를 찾고, 승률이 높은 수를 결정할 수 있었답니다. 사람이 바둑을 이기기 위해 고민하는 것처럼 알파고도 이길 확률을 고민하며 바둑을 둘 수 있는 것이지요. 바둑을 배운 지 고작 6개월밖에 안 되는 알파고가 승전고를 올린 비결이 바로 학습에 있었군요!

© 연합뉴스

알파고와 이세돌의 대국 장면

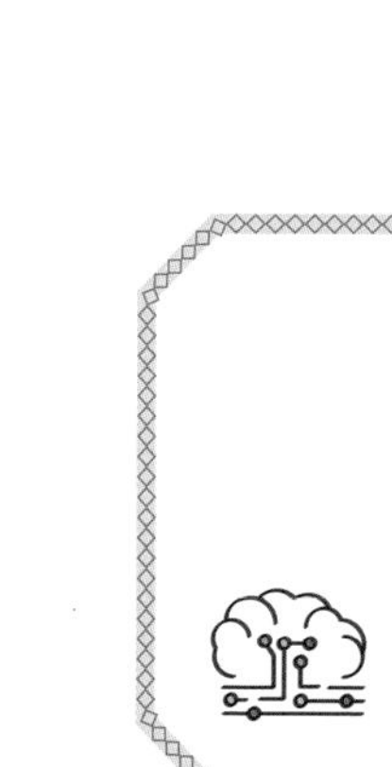

05 전문가를 대신할 전문가 시스템

우리는 어떤 분야에 상당한 지식과 경험을 가진 사람을 '전문가'라고 부릅니다. 전문가는 우리에게 정확한 정보를 제공하고, 어려운 문제를 해결해주는 사람인데요. 의사, 약사, 변호사 등이 바로 우리 머릿속에 떠오르는 전문가입니다. 약 봉투에 적힌 투약 정보를 보고 바로 옆에서 알려주는 약사가 있다고 생각해보세요. 전문가가 가까이 있다는 것만으로도 참 든든한 일입니다. 궁금한 점을 전문가에게 바로 물어볼 수 있으니 말이죠.

1960년대에는 전문가를 대신할 전문가 시스템에 대한 연구를 계획하기 시작합니다. 전문가 시스템은 1965년 '에드워드 파이겐바움'이 이끄는 스탠퍼드 휴리스틱 프로그래밍 프로젝트를 통해 공식적으로 소개되었는데요. 에드워드는 전문가 시스템을 이렇게 설명하고 있습니다.

"인간이 특정분야에 대하여 가지고 있는 전문적인 지식을 정리하고 표현하여 컴퓨터에 기억시킴으로써, 일반인도 이 전문지식을 이용할 수 있도록 하는 시스템"

여기서 시스템은 보통 하드웨어와 소프트웨어를 통칭해서 부르는 말입니다. 인간의 뇌 동작을 모방하여 소프트웨어로 구현해야 하고, 인간의 뇌만큼 빠른 슈퍼컴퓨터에서 소프트웨어를 실행해야 하기 때문에 인공지능은 소프트웨어와 하드웨어의 결합체라고 말할 수 있습니다.

인간이 가지고 있는 전문적인 지식을 표현하여 컴퓨터에 기억시키기 위해 전문가 시스템은 지식과 규칙 엔진으로 구성되어 있었습니다. 지식이라는 것은 개념적이고 추상적인 정보입니다. 컴퓨터가 인간처럼 추상적인 사고까지 처리하기 어렵기 때문에 컴퓨터적으로 처리 가능하고 직관적이며 이해가능한 형태의 규칙을 정의하고자 했지요.

규칙을 기반으로 하는 전문가 시스템은 코드 작성을 요구하지 않기 때문에 일반인들도 사용할 수 있는 장점도 있었습니다. 하지만, 규칙을 정의한다는 것은 정해진 상황에서만 동작한다는 것을 의미하기 때문에 이것이 결국 단점으로 작용했지요.

규칙이 점점 방대해지다 보니 규칙을 정의하는 것도 만만치 않은 작업이었고, 지식이 늘어날수록 규칙이 복잡해졌습니다. 복잡한 규칙은 시스템 성능에도 영향을 미치게 되었지요.

지난 2010년, 오랜 기간 우리 기억 속에 잊혀졌던 전문가 시스템은 혜성처럼 다시 등장했다.

또한, 다른 시스템과의 연동이 어려워 함께 사용하기도 어려웠는데요. '전문가를 대신할 전문가 시스템'이라는 아이디어는 신선했지만, 이런 제약사항들이 전문가 시스템의 대중화에 걸림돌이 되었죠. 결국 1980년대 후반 전문가 시스템은 역사의 뒤안길로 사라지게 됩니다.

30년이 지난 2010년, 오랜 기간 우리 기억 속에 잊혀졌던 전문가 시스템은 혜성처럼 다시 등장했습니다. 현재는 종양학 전문 왓슨, 방사선학 전문 왓슨 등 다양한 전문 왓슨으로 개발되어 실질적인 서비스가 이루어지고 있을 정도인데요. 의료분야에서는 암환자의 종양세포와 유전자 염기서열을 분석해 맞춤형 치료법을 추천해주고, 쇼핑 분야에서는 고객의 데이터를 분석해 서비스를 향상시키는 등 다양한 영역에서 실질적인 서비스로 활용되고 있습니다.

과거의 실패경험을 맛본 전문가 시스템이 이렇게 부활할 수 있었던 이유는 추운 겨울을 보내며 연구의 끈을 놓지 않았던 사람들의 노력 덕분인데요. 기술의 한계가 있을 때마다 이를 해결하기 위해 더 효율적이고, 강력한 접근 방법을 적용하여 지금의 전문가 시스템으로 다시 거듭나게 해준 결과이지요.

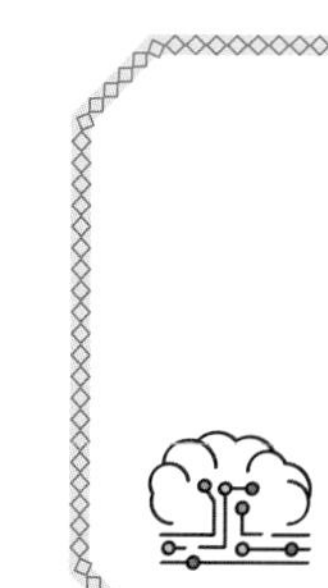

06 인공지능 연구의 추운 겨울

1950년 컴퓨터를 연구했던 사람들은 우리 사회에 미칠 수 있는 기계의 엄청난 잠재력에 눈을 뜨기 시작합니다. 그들은 인간과 같이 '생각'할 수 있는 기계를 만드는 작업이 너무나 매력적으로 보였습니다. 사람들의 머릿속에는 인간의 의사결정을 모방해 스스로 결정을 내릴 수 있는 기계의 모습으로 가득 차 있었지요.

1956년 어느날 인공지능을 오랫동안 고민한 사람들은 다트머스 대학에서 워크숍을 개최합니다. 인공지능에 대한 다양한 아이디어들이 쏟아졌고, 새로운 학문에 대한 뜨거운 관심을 확인하는 자리였죠. 인공지능 연구의 기폭제가 되어 새로운 학문 분야의 지평을 열게 된 자리이기도 합니다.

그 당시 인공지능은 정말 놀라운 존재로 보였습니다. 인공지능으로 기하학의 정리를 증명할 수 있고, 영어 학습도 할 수 있어 보였거든요. '완전한 지능을 갖춘 기계가 20년 안에 탄생할 거야!'라는 낙관론도 우세했고, 인공지능에 대한 다양한 책들도 출간되었습니다. 정말 인공지능으로 세상이 바뀔 것 같은 분위기였을까요? 이 시기는 금빛의 실크로드가 펼쳐지리라는 높은 기대와 함께 인공지능 연구 분야에 엄청난 투자가 이루어졌던 때였지요.

인공지능 연구에 대한 들뜬 시작과 달리 복잡한 문제를 해결하는 과정에서 사람들은 높은 장벽에 부딪힙니다. 이 당시 데스크탑 컴퓨터 성능이 1MIPS 정도였으니 인공지능을 구현하는 것은 애초부터 불가능한 계획이었을 수도 있습니다. 현재 사용하고 있는 데스크탑 컴퓨터의 성능이 30만 MIPS라는 사실과 비교한다면 그 당시 하드웨어의 제약은 분명했지요.

이런 난관 속에서 인공지능을 이용해 만든 작품이라고 해봤자 그저 실험용에 지나지 않았고, 인공지능 전문가들은 투자자들에게 약속했던 결과를 보여주지 못했습니다. 이런 인공지능 프로젝트가 투자자들에게는 양치기 소년 같아 보였을 겁니다. 1969년 퍼셉트론의 한계를 설명했던 마빈 민스키와 시모어 패퍼트의 책 『퍼셉트론』의 출판으로 10년 동안 인공신경망★에 대한 거의 모든 연구가 중지되었을 정도였으니 인공지능 연구에 대한 신뢰가 얼마나 추락했는지 그 당시 상황을 잘 설명해주는 대목이죠.

★ 퍼셉트론과 인공신경망은 6교시에서 설명하고 있습니다.

얼마나 시간이 지났을까요? 1980년대 컴퓨터 부품을 알아서 점검해주는 엑스콘(XCON) 덕분에 인공지능 연구에도 또다시 봄이 찾아왔습니다. 이 당시에는 부품을 수작업으로 조립해 컴퓨터

© alamy.com

인공지능 연구의 개척자 마빈 민스키

를 만들던 시기였기 때문에 부품을 알아서 점검해주는 컴퓨터 시스템에 대한 니즈가 있었습니다. 전문가가 일일이 챙겨야 했던 작업을 엑스콘이 알아서 자동화해주니 사람들에겐 인공지능으로 구현된 시스템이 꽤 매력적으로 보였습니다. 게다가 이 시스템 덕분에 회사 경비 감소에 기여했다는 사실이 알려지면서 인공지능에 대한 사람들의 인식은 조금씩 바뀌어 갔습니다.

인공지능 연구에도 진전이 있었습니다. 오차 역전파 알고리즘이 제안되면서 마빈 민스키가 지적했던 단층 퍼셉트론의 단점을 극복할 수 있었고, 10여 년 간 침체했던 신경망 연구에 새로운 돌파구를 찾게 되었지요.

그런데 전문가 시스템에 대한 사람들의 기대가 너무 컸을까요? 특별한 경우에만 사용할 수 있는 전문가 시스템에 대한 사람들의 관심이 조금씩 식어갔습니다. 데스크탑 컴퓨터의 성능이 좋아지면서 높은 유지보수 비용과 업데이트가 어려운 엑스콘의 메리트가 떨어지기 시작했지요.

국방 프로젝트를 연구하는 기관인 DARPA에서는 인공지능 연구에 대한 회의감을 갖기 시작했고 즉각적인 결과를 낼 수 있는 연구 분야로 투자방향을 바꾸게 됩니다. 결국, 인공지능 연구에 대한 투자는 중단되고 말지요. 이렇게 투자가 중단된 암흑기 속에서도 몇몇은 연구의 맥을 이어갔고, 현재의 인공지능 봄을 맞이한 그들은 이 시기를 '인공지능 겨울'로 회상하고 있습니다.

인공지능의 궁극적인 목표는 인간과 같은 지능을 개발하는 것이었습니다. 하지만, 이것이 어렵다는 사실을 경험한 사람들은 두 번의 겨울을 보낸 후에야 연구 방향을 바꾸게 됩니다. 좁은 분야를 대상으로 인공지능기술을 응용할 수 있도록 말이지요. 인공지능 연구는 60년 전부터 시작되었지만, 사람들의 높은 기대에 못 미치는 연구 성과 때문에 실용화하기 어려운 학문으로 인식되어왔습니다. 인공지능에 대한 다양한 연구결과를 구현할 수 있는 IT 기술의 한계도 인공지능의 발전을 더디게 만들었습니다.

이런 부침에도 불구하고 드디어 인공지능의 진가를 보여주는 성공 사례가 등장합니다. 1997년 5월 IBM에서 개발한 '딥 블루'가 세계 체스 챔피언이었던 게리 카스파 로프를 이기면서 양치기 소년과 같았던 인공지능은 사람들의 신뢰를 얻기 시작합니다. 인공지능과 인간의 대결은 인공지능에 대한 관심을 끌어모으기에 충분한 사건이었죠.

2011년 미국 유명 퀴즈쇼인 〈제퍼디 퀴즈쇼〉에서 전설적인 퀴즈 달인과 경쟁해 인공지능이 우승한 사건은 미국 사회에서 큰 화제가 되었고, 2015년 알파고와 이세돌의 대국은 우리 사회에도 큰 파장을 불러일으켰던 사건이었습니다.

두 번의 겨울을 보낸 이후에야 인공지능기술이 주목을 받을 수 있게 된 이유는 방대한 데이터를 분석할 수 있는 '빅데이터' 기술, 데이터를 여러 대의 컴퓨터로 나눠서 처리할 수 있는 '분산처리' 기술, 여러 대의 고성능 컴퓨터를 하나의 컴퓨터처럼 묶어서도 활용할 수 있는 '클라우드 컴퓨팅' 기술 등이 함께 발전하면서 인공지능 산업이 급격히 성장할 수 있는 토대가 만들어졌기 때문입니다.

반세기에 걸친 인공지능의 역사를 되돌아보면, 따뜻한 봄도 있었지만 추운 겨울도 있었습니다. 그만큼 인공지능의 연구에 많은 어려움이 있었다는 것을 설명해주는데요. 과거를 되돌아보면 앞으로도 인공지능의 발전에 굴곡이 있을 것이라 예상되지만 그럼에도 불구하고 인공지능기술의 발전은 우리의 삶을 변화시키는 주인공이 될 것이라는 점은 확실해 보입니다.

기계가 어떻게 학습을 한다는 거지?

간단히 설명하자면 '학습'이란 입력 데이터와 출력 데이터의 관계를 이해하는 것입니다. 머신러닝 알고리즘에게 입력과 출력 데이터를 알려주면, 이를 학습하여 규칙을 발견합니다. 코딩을 할때는 규칙을 사람이 일일이 작성해줘야 했지만, 머신러닝을 통해 이 규칙을 찾을 수 있습니다. 이 규칙이 바로 문제를 해결할 수 있는 '모델'이 되는 것이죠.

기계가 학습하는 머신러닝

07

'이미 짜여진'이라는 의미의 프로그램(program)은 코딩을 통해 만들어집니다. '코딩(coding)'이란 컴퓨터가 해야 할 작업을 코드로 하나부터 열까지 시시콜콜하게 알려주는 과정인데요. 이렇게 만들어진 소프트웨어는 짜여진 각본★대로만 실행되기 때문에 대본에 없는 상황이 발생하면 여지없이 당황스러운 반응을 보이며 'Error'라는 메시지를 보여주곤 합니다.

★ 여기서 각본이 바로 소스코드를 의미합니다.

우리는 잘 만들어진 소프트웨어 덕분에 복잡한 계산 기능과 반복적인 일들을 컴퓨터에게 믿고 맡길 수 있습니다. 하지만, 컴퓨터에게 일을 시키기 위해서는 세세한 부분까지도 코드로 작성해줘야 하는 어려움이 있기 때문에 사람들은 한 가지 불만이 생겼습니다. 자연의 것을 모방하는 인간의 도전 정신으로 컴퓨터도 인간처럼 지능을 갖길 바랐던 것이죠. 인간의 지능처럼 컴퓨터가 학습하고 실행할 수 있는 그 무엇인가를 기대했었던 것이 분명합니다.

1950년대 후반 아서 새뮤얼은 학습할 수 있는 기계를 꿈꾸며 머신러닝(machine learning)★을 연구했던 인공지능 전문가인데요. 그가 생각했던 머신러닝은 다음과 같습니다.

★ 머신러닝은 우리말로 '기계학습'이라고 부릅니다.

기계가 코드로 명시하지 않은 작업을 데이터로부터 학습하여 실행가능한 알고리즘을 개발하는 인공지능 연구 분야

모든 프로그램에는 입력할 수 있는 값이 정해져 있고, 이 입력값은 규칙에 맞게 정해진 출력을 만들어줍니다. 이것이 우리가 사용하는 프로그램의 동작 방식이지요.

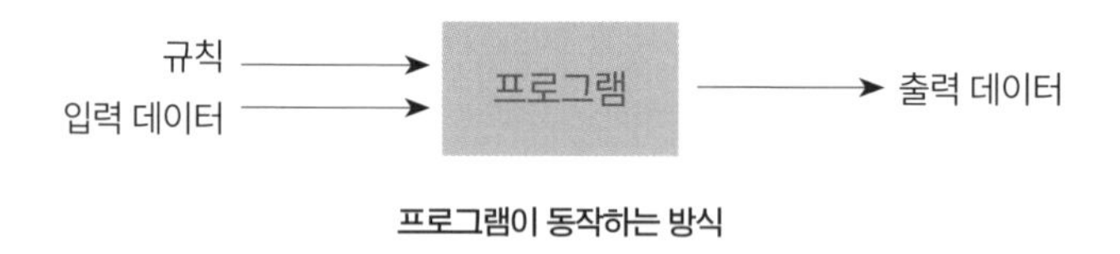

프로그램이 동작하는 방식

지금까지 우리는 정해진 규칙에 따라 코드가 미리 짜여진 프로그램을 사용해왔기 때문에 학습하는 소프트웨어가 무엇일지 무척 궁금해집니다. 도대체 학습하는 소프트웨어는 어떻게 동작하는 걸까요? 학습이라는 것이 무엇일까요?

간단히 설명하자면 '학습'이란 입력 데이터와 출력 데이터의 관계를 이해하는 것입니다. 머신러닝 알고리즘에게 입력과 출력

데이터를 알려주면, 이를 학습하여 규칙을 발견합니다. 코딩을 할 때는 규칙을 사람이 일일이 작성해줘야 했지만, 머신러닝을 통해 이 규칙을 찾을 수 있습니다. 이 규칙이 바로 문제를 해결할 수 있는 '모델'이 되는 것이죠.

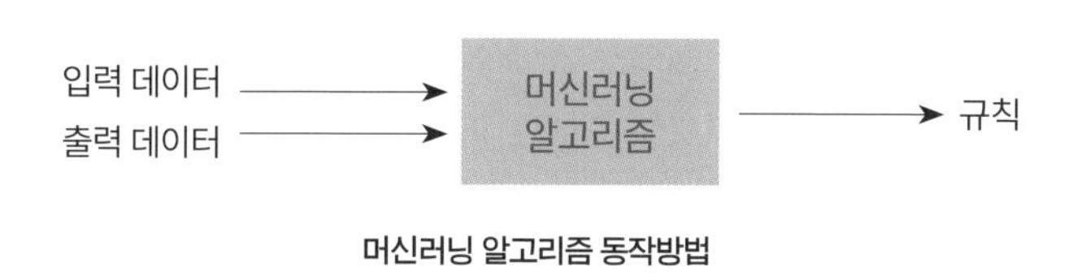

머신러닝 알고리즘 동작방법

이렇게 훈련이 완료되면 모델은 그동안 경험하지 못했던 새로운 데이터도 처리할 수 있게 됩니다. 예를 들어, 훈련 데이터에 포함되지 않았던 새로운 고양이 사진을 입력으로 넣어주면 그동안의 학습결과에 따라 이 사진을 '고양이'라고 분류해줍니다.

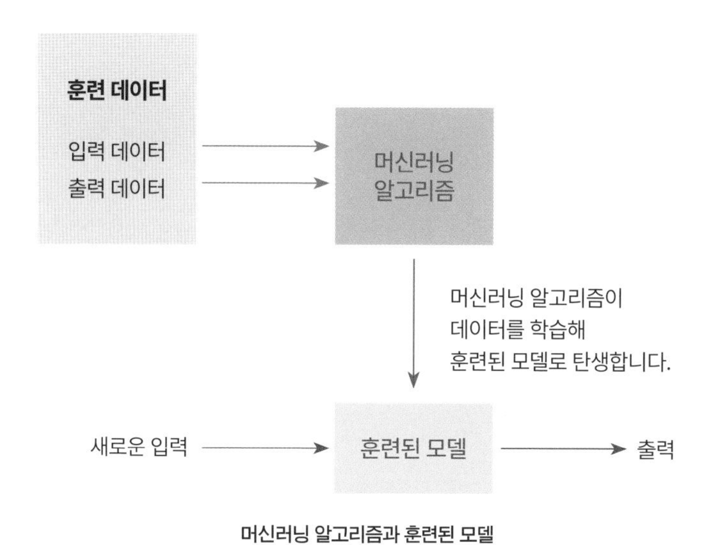

머신러닝 알고리즘과 훈련된 모델

머신러닝 분야에서 '학습'은 꽤나 의미심장한 단어입니다. 그동안 소프트웨어를 만들면서 사용하지 않았던 이 단어가 인공지능 분야에서는 빠져서는 안 될 중요한 키워드가 되었으니까요.

08 선생님의 지도 방법, 지도 학습

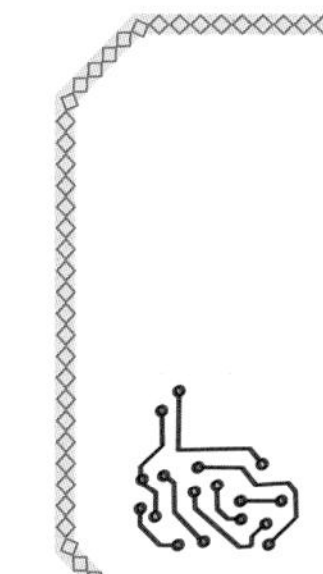

아이방 벽에는 다음과 같은 동물 그림이 붙어 있는 것을 쉽게 볼 수 있습니다. 부모님들이 아이들의 학습을 위해 붙여놓은 것인데요. 동물 그림 아래에는 '고양이', '강아지', '돼지'라는 이름표도 붙어 있습니다. 부모님들은 아이들에게 고양이 그림을 가리키며, '이 동물이 고양이야'라고 지도를 해주지요.

48쪽에는 4가지 숫자가 나열되어 있습니다. 이들 숫자를 함께 읽어볼까요? 5, 0, 4, 1. 너무 쉽다고요? 세 번째 숫자가 약간 헷갈

리긴 하지만, 그래도 이 정도는 어렵지 않게 읽어낼 수 있습니다. 우리가 이렇게 숫자를 읽을 수 있는 것은 어린시절 부모님과의 학습과정이 있었기 때문입니다.

학생들은 선생님의 지도를 받으며 공부를 합니다. 사람들의 학습과정처럼 컴퓨터도 누군가의 지도를 받으며 학습을 하는데요. 예를 들어, 손글씨로 5가 쓰여진 사진을 컴퓨터에게 보여주고 '컴퓨터야, 이렇게 생긴 사진이 바로 5라는 숫자야'라고 반복적으로 알려주는 과정이 바로 학습입니다.

앞에서 살펴본 동물 그림에 이름표가 붙어 있었던 것처럼, 숫자 사진에도 '5, 0, 4, 1'이라는 레이블★이 붙어 있습니다. 이렇게 컴퓨터에게 입력 데이터와 레이블을 알려주고, 반복적으로 훈련시키는 방법을 '지도학습'이라고 부릅니다.

★ 레이블을 '타깃' 혹은 '정답' 이라고 도 부릅니다.

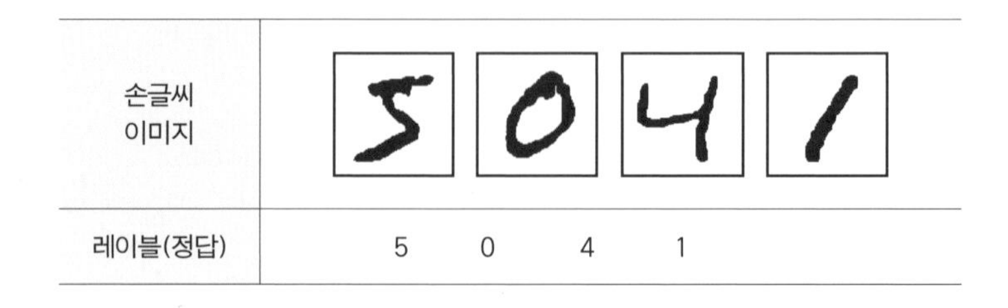

손글씨 이미지				
레이블(정답)	5	0	4	1

앞에서 설명한 것처럼 입력과 레이블 간의 관계를 분석해 규

칙을 찾아내는 것을 '학습'이라고 말합니다. 이 관계를 분석해주는 알고리즘을 '머신러닝 알고리즘' 혹은 '기계학습 알고리즘'이라고 부르지요.

서포트 벡터 머신(SVM), K-최근접 이웃 알고리즘(KNN) 등 다양한 머신러닝 알고리즘이 소개되어 있습니다. 이들 알고리즘은 미리 만들어져 판매되는 기성복과도 같은 존재인데요. 내 마음에 드는 기성복을 선택하 듯이 우리에게 주어진 문제를 해결하기 위해 적절한 알고리즘을 선택해 사용합니다. 여기서 문제는 손글씨를 인식해야 하는 작업일 수도 있고, 자동차 번호를 인식해야 하는 일일 수도 있습니다.

적절한 알고리즘이 정해졌다 해도 아직 할 일이 남아 있습니다. 기성복을 구입하면 각자의 몸에 맞게 수선을 해야 하잖아요. 이렇듯 학습 알고리즘을 목적에 맞게 수선하기 위해 데이터로 훈련을 시켜줘야 합니다. 이런 훈련과정을 거치면 비로소 학습 알고리즘이 문제를 해결할 수 있는 '훈련된 모델'이 되는 것이죠. 이 모델은 이제 그동안 경험하지 못했던 새로운 데이터에 대한 출력을 예측할 수 있습니다.

훈련된 모델은 소프트웨어의 일부 모듈로 탑재되어 주어진 문제를 정확하게 해결할 수 있도록 도와줍니다. 예를 들어, 편지봉투 인식 소프트웨어는 이 모델 덕분에 손글씨로 작성된 글자를 더 잘 인식할 수 있는 능력이 생기게 되지요.

지도학습은 입력과 레이블(정답)의 관계를 정의하기 위해 모델의 함수를 정의하는 과정입니다. 그렇기 때문에 지도학습에서는 항상 입력 데이터와 레이블이 쌍으로 준비되어 있어야 합니다. 그리고 수많은 데이터로 훈련을 시켜줘야 하지요. 부모님이 아이들에게 동물 이미지를 반복적으로 보여주며 학습을 시켜주듯이 컴퓨터도 대량의 이미지를 이용해 반복적으로 학습을 시켜준답니다. 이런 학습 과정을 거쳐 컴퓨터도 동물을 구별할 수 있게 되는 것이랍니다.

09 레이블 없이 학습하는 비지도학습

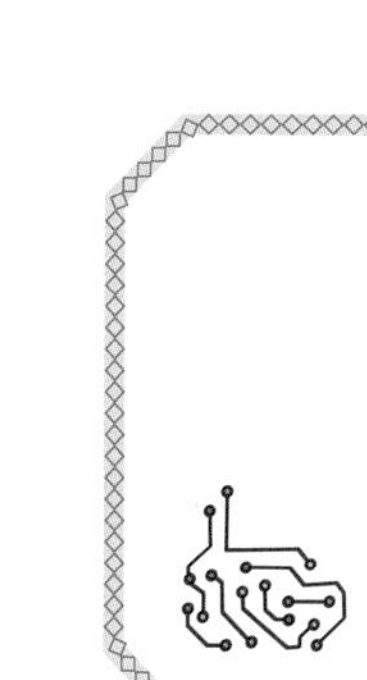

비지도학습은 레이블 없는 데이터를 분석해 이전에 발견되지 않은 패턴을 찾고자 하는 방법입니다. 레이블이 없기 때문에 출력이 어떤 모습일지 정해져 있지 않고, 패턴을 찾은 결과가 얼마나 정확한지도 알기 어렵습니다.

그럼에도 불구하고 비지도학습을 수행하는 이유는 레이블이 있는 데이터보다 레이블이 없는 데이터가 훨씬 더 많기 때문이죠. 그리고 레이블이 없더라도 데이터의 패턴을 보고 뜻밖의 의미를 찾을 수 있기 때문에 군집화, 연관규칙 등의 방법으로 비지도학습을 적용하고 있습니다.

'군집화'란 데이터를 유사도에 따라 자동적으로 분류하는 것을 말합니다. 유사한 데이터들이 서로 가깝게 모여서 무리를 이루고 있다면 이것을 그룹으로 묶어주는 것인데요. 예를 들어, 52쪽의 그림에서 왼쪽과 같이 데이터들이 모여 있는 것을 파악해 오른쪽과 같이 3개의 그룹으로 묶어주는 것을 말합니다.

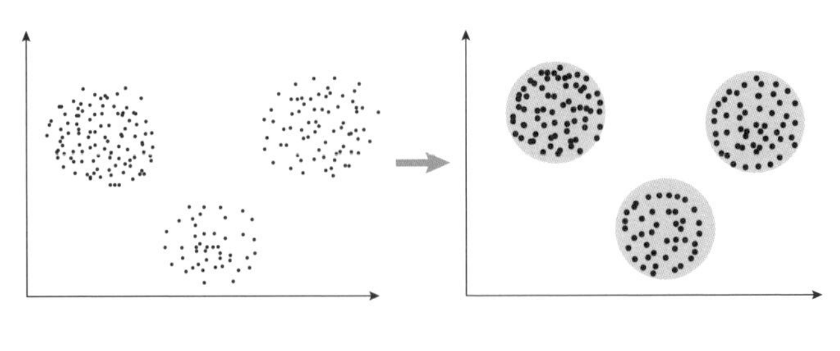

군집화

데이터에서 자주 함께 일어나는 항목들을 찾아주는 것을 '연관규칙'이라고 합니다. 연관규칙을 활용한 대표적인 예를 미국의 월마트 사례에서 찾아볼 수 있는데요. 월마트에서는 고객의 영수증을 분석해 기저귀와 맥주가 함께 팔리고 있다는 점을 파악하고, 기저귀 옆에 맥주를 진열하는 판매전략을 세웠습니다. 결과는 매우 성공적이었습니다. 맥주 판매량이 30%나 급등하는 결과를 얻었으니까요.

이렇게 비지도학습은 레이블이 없는 데이터를 분석해 그룹별로 분류하거나 자주 함께 일어나는 사건을 찾아내는 등 소비자 구매 패턴을 이해하기 위해 유용하게 활용될 수 있답니다.

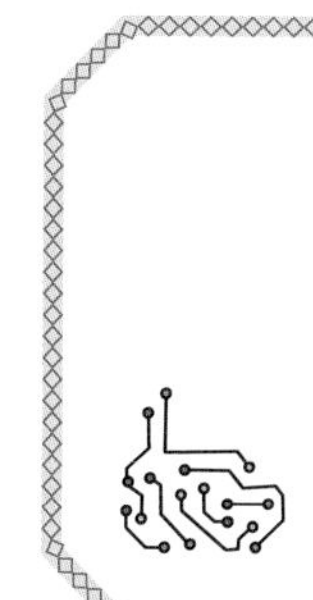

10 보상과 벌칙을 통한 강화학습

우리들은 주어진 환경과 상호작용하고, 상태를 관찰하며 보상이 강화되는 방향으로 행동합니다. 예를 들어, 좋은 대학에 가기 위해 공부를 열심히 해야 한다면, 좋은 대학에 가는 것은 '보상'이고, 열심히 공부하는 것은 '행동'이 되는 것이죠.

강화학습에서는 '에이전트(agent)'가 중요한 역할을 합니다. 이 에이전트는 환경과 상호작용하도록 만들어졌는데요. 에이전트가 어떤 행동을 하느냐에 따라 보상의 규모가 달라집니다. 에이전트가 긍정적인 행동을 하면 높은 보상을 받지만, 그렇지 않은 행동을

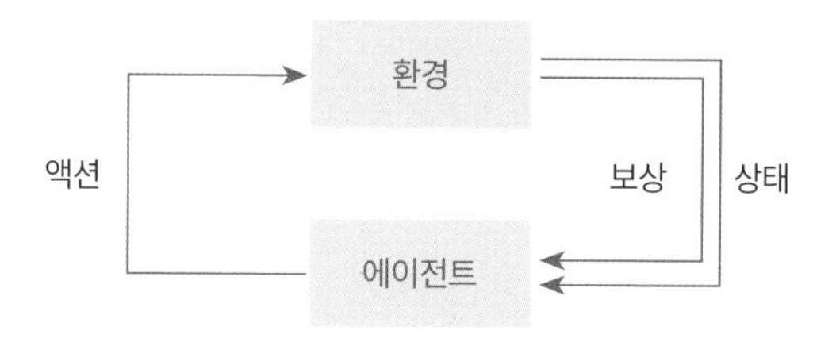

환경과 에이전트 관계

하면 벌칙을 받게 됩니다. 에이전트는 더 많은 보상을 받기 위해 행동하도록 설계되어 있습니다.

여기서 정책과 환경에 대한 개념을 이해할 필요가 있습니다. 정책이란 에이전트가 주어진 목표를 달성하기 위해 행해지는 방식을 말하고, 환경은 에이전트 주변의 상태를 말합니다. 예를 들어, 방에서 움직이고 있는 로봇이 특정 목표지점으로 이동하면 보상을 얻는다고 생각해보겠습니다. 목표지점에 도달하기 위해서는 여러 가지 방법이 있을텐데요. 벽을 따라 이동할 수도 있고, 목표지점으로 바로 직진할 수도 있습니다. 여기서 방은 환경이 되는 것이고, 목표지점으로 이동하기 위한 방법이 바로 정책이 되는 것입니다.

강화학습은 지도학습에서 사용하는 레이블을 필요로 하지 않습니다. 에이전트는 환경을 탐험하고, 환경과 상호작용하며, 어떤 행동을 취해야 하는지 스스로 결정을 내리기 때문이지요.

에이전트의 학습을 위해 인공신경망이 사용됩니다. 복잡한 인공신경망★의 경우 수천만 개의 상태를 입력으로 받을 수 있게 하고, 의미있는 행동을 취할 수 있도록 해주지요. 다음 그림에서 에이전트에 심층신경망(DNN, Deep Neural Network)이 들어간 것을 알 수 있는데요. 다양한 환경과 상호작용을 하여 보상에 맞게 정책을 세우기 위해 이러한 인공신경망이 사용되었습니다.

★ '인공신경망'은 6교시에서 설명하고 있습니다.

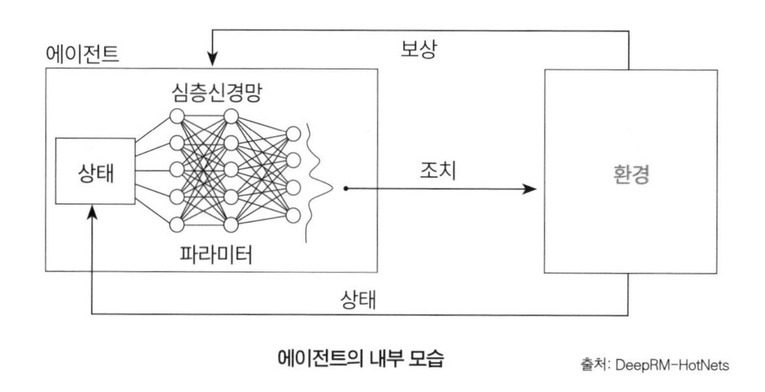

에이전트의 내부 모습

출처: DeepRM-HotNets

인공지능을 위해 학습 데이터가 왜 필요한 거죠?

인공지능을 똑똑하게 만들기 위해서는 많은 양의 학습 데이터가 필요합니다. 이를 위해 댐에 데이터를 모아두는 사업을 시작한 것인데요. 이 사업에서는 방대한 학습 데이터를 수집하고 인공지능 학습에 유용하게 활용될 수 있도록 수집된 데이터를 가공하는 과정을 거칩니다. 이것을 '데이터 구축'이라고 표현하고 있지요.

11 인공지능을 위한 학습 데이터

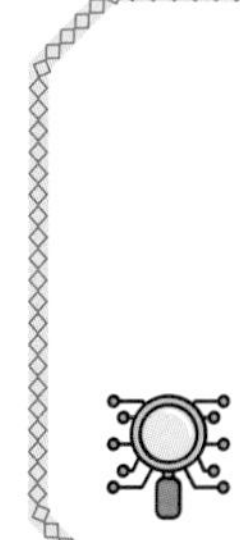

오랜 배움의 시간을 갖는 우리에게 학습이란 의미있는 활동입니다. 학습을 통해 개인의 능력을 한차원 높일 수 있는 과정이니 말이지요. '훈련'이란 '가르쳐서 익히게 함'이라는 뜻입니다. 훈련은 학습과 비슷한 의미를 갖는 것 같지만, 사전적으로는 다른 뜻을 가지고 있습니다. '훈련'이라는 용어는 체력 훈련과 같이 신체적인 능력을 키울 때 많이 사용하는 편이지만, '학습'은 지식을 배워서 익힐 때 사용하는 말이거든요.

인공지능 분야에서 훈련(training)과 학습(learning)을 혼용하는 편입니다. 그래서 모델 훈련에 사용하는 데이터를 '훈련 데이터' 또는 '학습 데이터'라고 부릅니다. 앞에서 설명한 것처럼 훈련 데이터는 입력과 레이블을 필요로 합니다.

훈련 데이터는 이 세상에 존재하는 데이터를 대표할 수 있도록 준비되어야 합니다. 예를 들어, 강아지 사진을 훈련 데이터로 사용한다면, 치와와, 비글, 진돗개 등 다양한 품종의 강아지 사진을 준비해야 합니다. 훈련 데이터를 준비하는 일은 시간과 노력을 필요한 일인데요. 다행하게도 인공지능을 연구하는 전 세계 전문가들이 모델 훈련에 활용될 수 있는 학습 데이터를 공유하고 있습니다.

학습 데이터는 어떤 모습일까요? 이번 시간에는 인공지능을 공부하는 사람이라면 상식적으로 알아야 하는 MNIST 데이터 세트를 여러분께 소개하고자 합니다. MNIST(Modified National Institute of Standards and Technology) 데이터 세트는 손으로 쓰여진 숫자 이미지를 말합니다. 이 데이터는 미국의 NIST(미국 국립표준기술연구소)라는 기관에서 만든 데이터인데요. 미국의 고등학생과 인구조사국 직원들이 쓴 숫자라서 그런지 글자 모양이 우리가 쓰는 스타일과 다른 모습입니다.

MNIST 손글씨 이미지

NIST에서 만들었던 데이터를 머신러닝에 활용하기에는 적합하지 않았기 때문에 손글씨 이미지를 28×28픽셀 이미지로 변경하고, 글자를 매끄럽게 처리하였다고 합니다. 이런 이유로 NIST에 Modified(변경된) 단어가 붙었습니다.

MNIST 데이터베이스는 6만 개의 훈련 이미지와 1만 개의 테스트 이미지를 포함하고 있습니다. 이 이미지는 새롭게 제안된 머신러닝 알고리즘의 성능을 측정하기 위해 사용되기도 하고, 머신러닝 공부를 시작하는 사람들을 위해 연습 도구로 사용되고 있답니다.

그럼 MNIST 데이터가 어떻게 모델 훈련에 사용되는지 알아볼까요? MNIST 데이터는 다음 그림과 같이 인공신경망의 입력으로 들어갑니다.

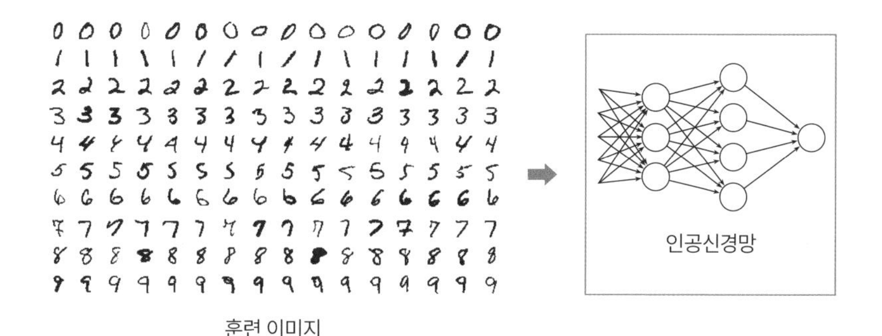

MNIST 데이터를 활용한 모델 훈련

모델을 훈련시키기 위해 6만 개의 손글씨 이미지와 레이블을 입력으로 넣어주는데요. 이 데이터로 훈련을 마친 모델은 손글씨로 작성된 숫자를 0에서 9 사이의 숫자로 분류할 수 있게 됩니다. 훈련 데이터에 없는 '새로운' 데이터를 입력으로 넣어줘도 이것을 분류할 수 있는 능력이 생기게 된 것이죠.

훈련을 마친 모델에 새로운 이미지를 입력으로 넣어주면 다음 그림과 같이 높은 확률(0.823)을 가지는 클래스인 5로 이 이미지를 분류해줍니다. 학습하지 않은 새로운 이미지를 입력하였지만, 이것을 정확히 분류할 수 있는 것은 바로 학습의 결과입니다.

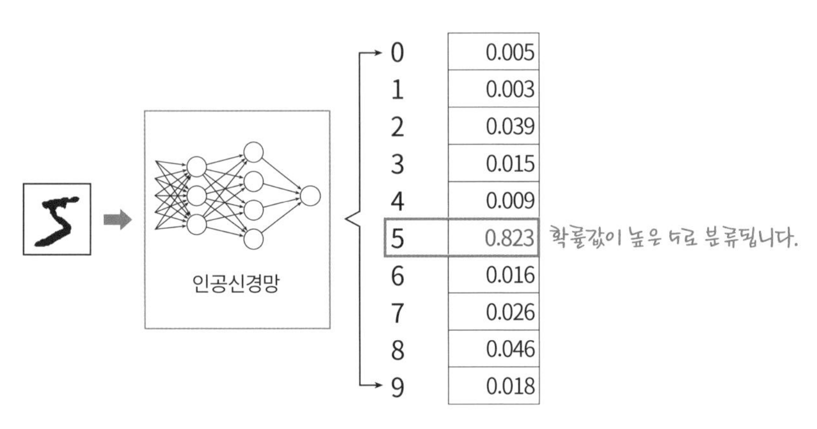

훈련된 모델을 활용한 이미지 분류

데이터 댐을 왜 만들까? 12

세계사 시간에 배운 뉴딜 정책을 기억하나요? 뉴딜(New Deal) 정책은 대공황으로 인해 침체된 미국 경제를 살리기 위해 프랭클린 루스벨트 대통령이 1933년부터 1936년까지 추진했던 경제정책입니다.

경제를 활성화하기 위해 다양한 정책이 마련되었는데요. 이들 정책에서 대표적으로 꼽을 수 있는 사업이 바로 '후버댐' 건설이었습니다. 이것은 실업자에게 새로운 일자리를 만들어주고, 경기를 살릴 뿐만 아니라 관광산업 등 다양한 부가가치를 창출해주었던 사업이었죠.

출처: https://www.korea.kr/news/visualNewsView.do?newsId=148875188

미국의 대공황을 이겨낸 뉴딜의 후버댐과 같이 우리나라에서도 '디

지털 뉴딜' 정책이 2021년부터 시작되었습니다. 뉴딜의 후버댐 건설처럼 경제위기를 극복하고 새로운 일자리를 만들기 위해 정부에서는 데이터댐 사업을 추진하고 있는데요. '데이터'가 핵심인 이 사업은 물이 아닌 데이터를 모아두고 있습니다.

앞에서 강조한 것처럼 인공지능을 똑똑하게 만들기 위해서는 많은 양의 학습 데이터가 필요합니다. 이를 위해 댐에 데이터를 모아두는 사업을 시작한 것인데요. 이 사업에서는 방대한 학습 데이터를 수집하고 인공지능 학습에 유용하게 활용될 수 있도록 수집된 데이터를 가공하는 과정을 거칩니다. 이것을 '데이터 구축'이라고 표현하고 있지요.

데이터 구축을 위해 분야별로 수십만 건의 학습 데이터를 만들어야 합니다. 학습 데이터로 만들어야 하는 양이 엄청나기 때문에 크라우드소싱을 통해 많은 사람들의 노력으로 데이터 구축 작업을 진행하고 있는데요. 이렇게 구축된 데이터 댐은 기계번역, 자율주행 등 다양한 분야에서 부가가치를 창출하기 위해 활용되고 있습니다.

13 여러분께 AI 허브를 소개합니다

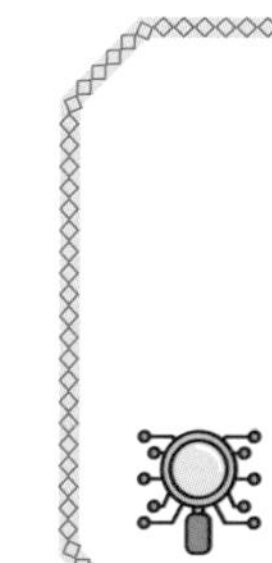

우리나라에서 만든 'AI 허브'라는 웹사이트(aihub.or.kr)에서는 음성, 비전, 헬스케어, 자율주행 등 190여 종의 학습 데이터를 구축해 공개하고 있는데요. 이번 시간에는 AI허브에서 제공하는 학습 데이터 몇 가지를 여러분께 소개하고자 합니다.

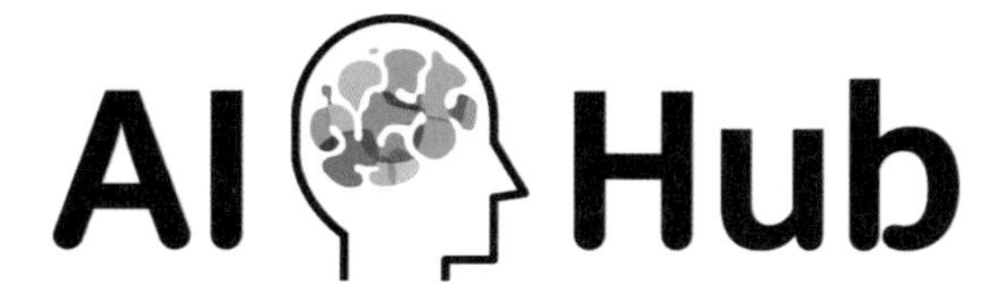

AI허브에는 MNIST 데이터처럼 한국어 글자체를 제공하고 있습니다. 한국어 글자체 데이터는 성별, 연령층별로 작성한 다양한 손글씨 이미지 뿐만 아니라 일상생활 공간에서 쉽게 볼 수 있는 간판, 상표, 교통표지판 등을 촬영한 실사이미지 등을 포함하고 있는데요. 지도학습을 위해 당연히 이미지 데이터에 상응하는 레이블

(어노테이션)도 포함하고 있습니다.

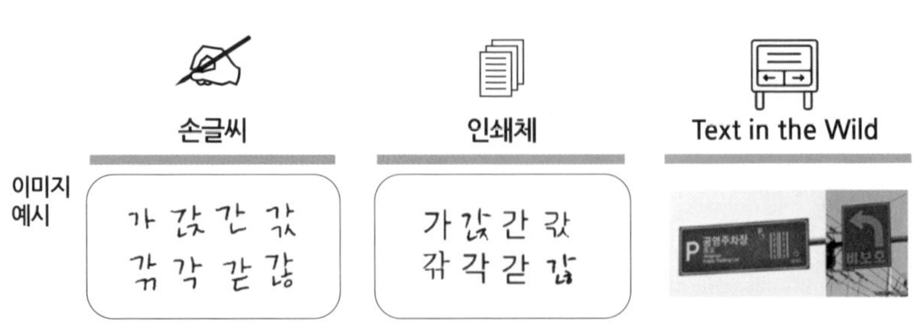

AI허브 - 한국어 글자체 이미지 AI데이터

실생활에 필요한 학습 데이터뿐만 아니라 K팝과 관련된 학습 데이터도 있습니다. 바로 K팝 안무 동영상인데요. 이 학습 데이터를 구축하기 위해 K팝 100곡을 선정하고 모션캡처를 통해 안무 영상을 촬영한 후, 지도학습을 위해 각각의 영상에 라벨링을 추가하는 일도 거쳤다고 하는군요.

이렇게 다양한 영역에서 만들어진 방대한 학습 데이터는 인공지능을 더욱 똑똑하게 만드는 양분으로 활용되고 있답니다.

인공지능아~
공부를 했으면 시험을 봐야지!

그럼 왜 모델의 성능을 평가해야 할까요? 훈련시킨 모델을 그냥 사용하면 안 되는 걸까요? 그 이유는 모델이 정말 사용할 만한 가치가 있는지를 알기 위함입니다. 모델의 정확도가 높지 않다면 정확도를 높이기 위해 개선점을 찾아야 하고, 정확도가 매우 떨어진다면 사용할 만한 가치가 없다고 판단할 수 있거든요.

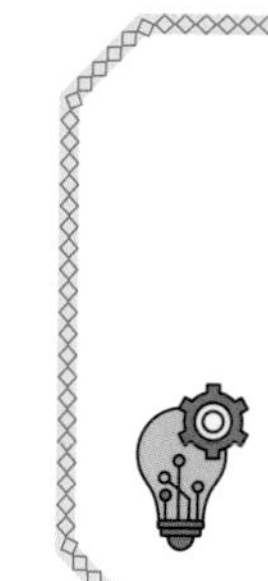

14 지금 인공지능은 열공중

모델의 훈련이 완료되면 세상에 내보내 자기의 역할과 소명을 다해야 합니다. 예를 들어, 글자를 인식하도록 학습된 모델이라면, 훈련된 글자 이미지뿐만 아니라 새로운 스타일의 글자도 인식할 수 있어야겠지요.

훈련된 모델이 제 성능을 발휘하기 위해서는 학습이 무척 중요합니다. 만약 훈련 데이터에 너무 꼭 맞게 모델을 학습시킨다면, 마치 교과서에 매몰되어 세상에 나가 제대로 된 능력을 발휘하지 못하는 것과 같습니다.

학생들은 앞으로 맞이할 세상의 일부를 학교에서 경험합니다. 학교에서의 학습은 새로운 세상을 경험하기 위한 준비과정이긴 하지만, 세상에서 필요한 모든 지식을 학교에서 배울 수는 없습니다. 그렇기 때문에 학교에서 배운 것을 세상의 전부라고 오해하면 안 되겠지요.

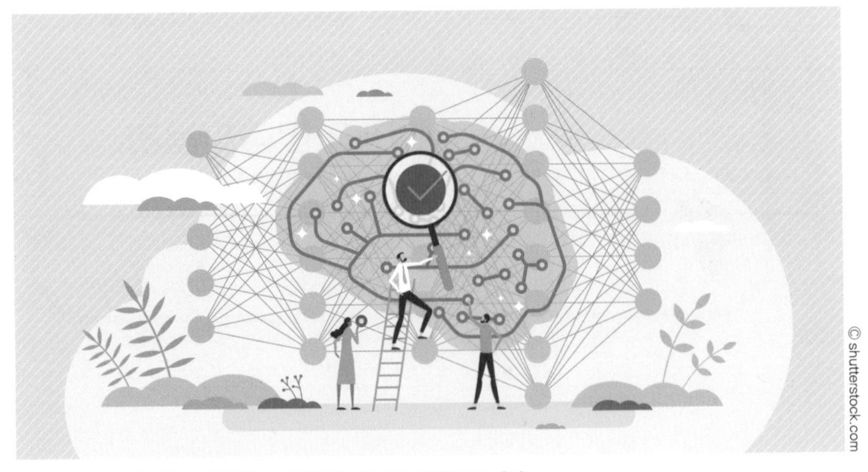

훈련된 모델이 제 성능을 발휘하기 위해서는 학습이 무척 중요하다.

모델의 경우도 마찬가지입니다. 세상의 모든 데이터를 가지고 학습을 시키면 좋겠지만, 현실적으로 불가능한 일입니다. 고양이를 학습시키기 위해 전 세계의 고양이 사진을 보여줄 수는 없는 일이니까요. 인공지능에게 주어지는 훈련 데이터가 많다는 생각도 들지만, 인공지능기술을 이용하기 위한 최선의 방법이기에 모두들 이 방법을 따르고 있습니다.

훈련 데이터는 전 세계에 공개된 데이터의 일부이기 때문에 훈련 데이터에 너무나 꼭 맞게 모델을 훈련시키는 것은 바람직하지 않은 일입니다. 왜냐하면 실전에 나가서 제대로 된 실력을 발휘하지 못할 수 있기 때문이죠. '너무 꼭 맞다'라는 의미의 '과대적합'은 이런 맥락에서 사용됩니다. 즉, 훈련 데이터에 꼭 맞게 모델을 학습시켰을 때 사용한답니다.

훈련 데이터로 모델을 학습시켜보겠습니다. '인공지능아! (x, y)가 (10, 10)이면 주황색 점으로 생각해야 해'라고 모델에게 알려줍니다. 이런 과정을 통해 모델을 훈련시키면 그림과 같이 주황색 점과 파란색 점이 찍힙니다.

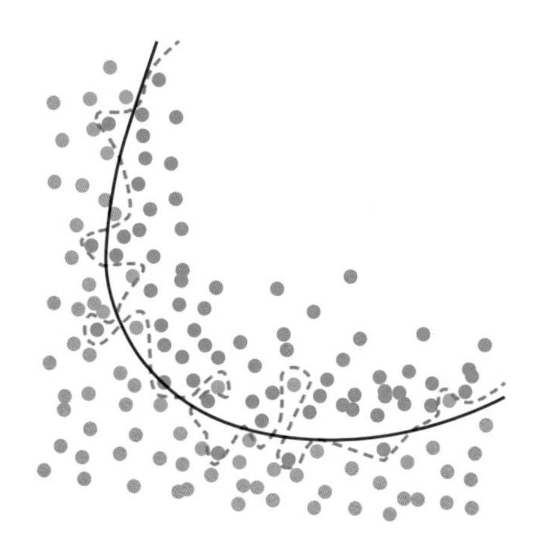

파란색 점과 주황색 점을 분류하는 모델

그림에서 두 그룹을 나누기 위해 검정색과 녹색 선이 그어졌습니다. 이 선은 주황색과 파란색을 구분할 수 있는 기준처럼 보이는데요. 훈련 데이터에 너무 꼭 맞는 녹색 선과 적당히 맞는 검정색 선이 보이는군요. 이 녹색 선은 훈련 데이터에 너무 꼭 맞는 과대적합 모델이라는 사실을 알려줍니다. 모델을 일반화하려면 검정색 선과 같이 그려져야 하는 데 말이지요. 검정색 선은 C자 모양을 중심으로 주황색 점과 파란색 점이 적절히 나뉘는 것을 알 수 있습니다. 물론, 일부 데이터는 잘못 분류할 수도 있겠지만 이렇게 모델을 일반화하는 것이 더 중요합니다.

전문가들은 녹색 선과 같은 과대적합을 권장하지 않습니다. 앞서 설명한 것처럼 이렇게 훈련 데이터에 과적합된 모델은 실전에 나가서 제 성능을 발휘하기 어렵거든요. 학교에서 배운 내용이 세상의 전부라고 생각하는 이런 융통성 없는 모델이 되지 않도록 주의해야 합니다.

모델이 처리해야 할 데이터는 훈련 데이터만 있지 않습니다. 학습하지 못한 새로운 데이터도 처리할 수 있어야 합니다. 이런 이유로 녹색 선과 같은 과대적합보다는 검정색 선과 같이 훈련 데이터에 적당히 맞도록 모델을 훈련시켜야 한답니다.

15 인공지능 실력을 평가하자

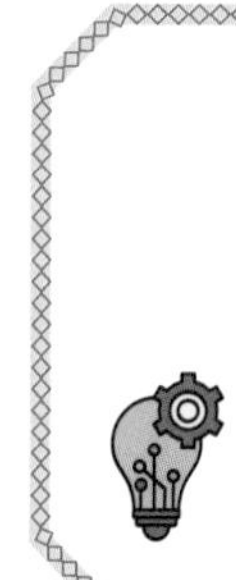

학생들이 얼마나 수업을 잘 이해했는지 확인하기 위해 기말시험을 치르듯이, 훈련을 마친 모델의 성능을 알기 위해서도 평가의 과정을 거쳐야 합니다. 평가는 모델이 제 기능을 잘 할 수 있는지 판단하기 위한 목적인데요. 여기서의 기능은 이미지 인식 기능일 수도 있고, 음성 인식 기능일 수도 있습니다.

기말고사의 문제를 출제할 때 교과서에 있는 문제를 그대로 내지 않습니다. 교과서에 있는 문제와 동일하게 시험 문제를 낸다면 많은 학생이 만점을 맞을 테니까요. 이러한 맥락에서 모델의 성능을 평가하기 위해 훈련 데이터를 테스트 데이터로 사용하지 않습니다. 모델 평가를 위해 테스트 데이터와 훈련 데이터를 구분해야 하는 이유이지요.

기말고사 시간 선생님이 시험 문제지를 학생들에게 나눠주듯이, 테스트 데이터를 모델에 입력으로 넣어줍니다. 문제지를 채점

한 결과로 학생들의 실력을 평가하듯 모델의 출력을 확인해 성능을 평가하지요.

'성능이 좋다'라는 말은 무슨 의미일까요? '성능'이란 소프트웨어가 지닌 성질이나 기능을 말하는데요. 소프트웨어의 성능이 좋다는 것은 소프트웨어가 지닌 성질이 좋다는 의미이지요. 예를 들어, 소프트웨어가 고양이 사진을 보고 오류 없이 고양이라고 잘 인식한다면 성능이 좋다고 말합니다.

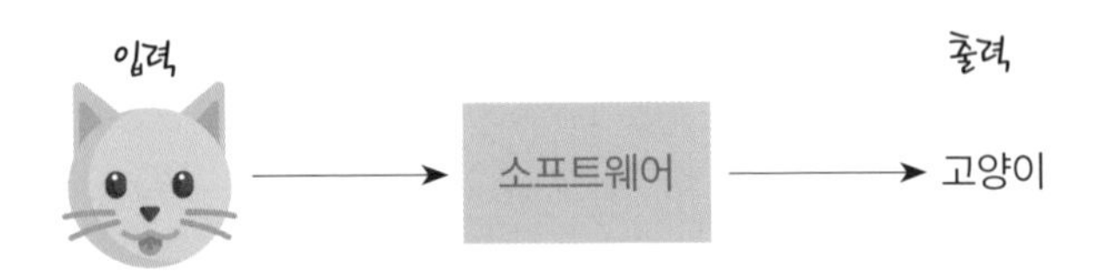

성능이 좋다는 의미는 '정확도가 높다'는 말로 바꿀 수 있습니다. '정확하다'는 말은 우리가 기대한 바에 따라 소프트웨어가 동작할 때 사용하는 말이지요.

'정확도'는 정확한 정도를 말합니다. 예를 들어, 100개의 고양이 이미지를 모델에 입력으로 넣어준 결과, 90개 이미지에 대해서만 '고양이'라고 출력하고, 나머지는 '강아지'라고 출력했다면 정확도는 90%가 되는 것이지죠. 정확도는 이렇게 정확한 정도가 수치로 나온 결과입니다.

그럼 왜 모델의 성능을 평가해야 할까요? 훈련시킨 모델을 그냥 사용하면 안 되는 걸까요? 그 이유는 모델이 정말 사용할 만한 가치가 있는지를 알기 위함입니다. 모델의 정확도가 높지 않다면 정확도를 높이기 위해 개선점을 찾아야 하고, 정확도가 매우 떨어진다면 사용할 만한 가치가 없다고 판단할 수 있거든요.

평가할 때만 모델의 성능을 평가하지 않습니다. 모델의 훈련하는 과정에서도 성능을 평가하는데요. 수능 시험을 보기 전에 모의고사를 보며 자신의 실력을 판단하는 것처럼 말이지요.

다음은 훈련기간 동안 모델의 성능을 확인한 결과를 보여주는 그래프입니다. 점선은 훈련 데이터에 대한 정확도이고, 실선은 검증 데이터에 대한 정확도인데요. 검증 데이터는 일종의 모의고사 문제에 해당합니다.

학습을 시작한 초기에는 당연히 정확도가 낮습니다. 정확도가 낮아 0.58정도밖에 되지 않지만 상관없습니다. 학습을 많이 할수록 정확도가 높아질 것이기 때문이죠. 학습 횟수가 40번째가 되니

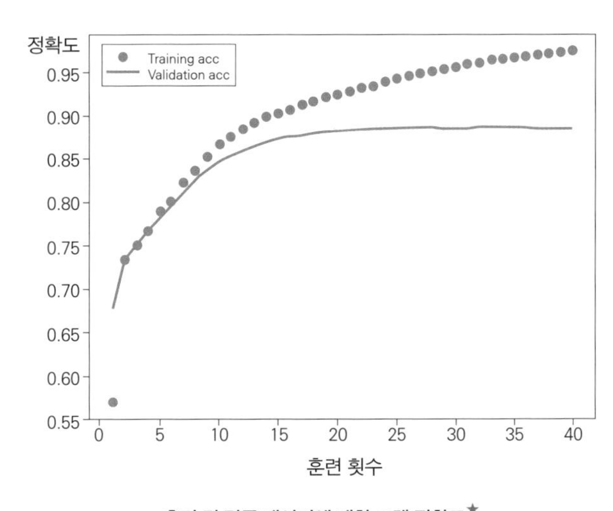

훈련 및 검증 데이터에 대한 모델 정확도★

★ 정확도가 1에 가까이 갈수록 정확도가 높습니다.

정확도가 0.98까지 올라갔습니다. 하지만, 검증 데이터로 모델의 정확도를 확인한 결과 0.85밖에 되지 않습니다. 이것은 과대적합이 발생한 대표적인 예인데요. 이러면 훈련 데이터에 모델이 너무 꼭 맞아 실전에서는 제대로 된 성능을 내기 어려울 수 있지요.

그렇다고 과대적합을 피하기 위해 훈련을 너무 일찍 멈추게 되면 오히려 과소적합의 문제가 발생할 수 있습니다. 이것도 성능을 발휘하지 못하는 것은 마찬가지인데요. 그렇기 때문에 과대적합과 과소적합 사이의 적절한 지점을 찾아야 합니다.

인간의 뇌를 모방한다면?

전문가들은 인간의 뇌에서 영감을 받아 만든 이 신경망에 '인공(artificial)'이라는 말을 붙였습니다. 인공신경망은 컴퓨터에서 동작하는 일종의 알고리즘인데요. 인공신경망이 인간의 뇌에서 영감을 받아 만들어졌지만, 그렇다고 이것은 인간의 뇌 수준은 아닙니다. 전문가들은 인공신경망을 그저 통계학적 학습 알고리즘 수준으로 소개하고 있으니까요.

뉴런을 흉내낸 퍼셉트론

16

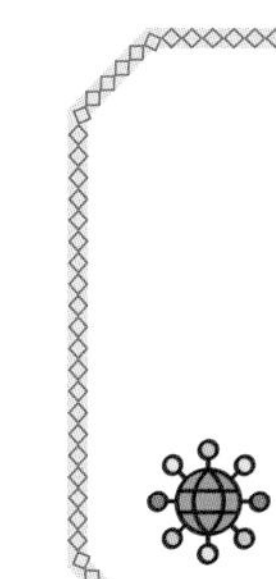

우리 뇌는 수많은 신경세포(뉴런)로 이루어져 있습니다. 신경세포가 연결되어 거대한 네트워크를 이루는데, 이것을 신경망(neural network)이라고 부릅니다. 뉴런(neuron)은 신호를 전달하는 세포입니다. 하나의 뉴런에서 다른 뉴런으로 신호가 전달되기 위해 시냅스(synapse)라는 연결 부분이 있습니다. 우리 몸의 5대 감각을 통해 입력이 들어오면, 뉴런을 통해 신호가 전달되는데요. 우리 뇌의 신호는 뉴런의 시냅스를 통해 흐르게 됩니다. 과학자들은 이런 인간의 뇌에서 영감을 받아 인공신경망(artificial neural network)에 대한 연구를 시작했습니다.

우리가 인공신경망을 이해하기 위해서는 이것의 기초 연구가 이루어졌던 과거로 돌아가야 합니다. 그 이유는 인공신경망이 퍼셉트론을 기반으로 발전한 분야이기 때문이지요. 1958년 사람의 뇌처럼 반응하는 학습이 가능한 소프트웨어를 고민하며 프랑크

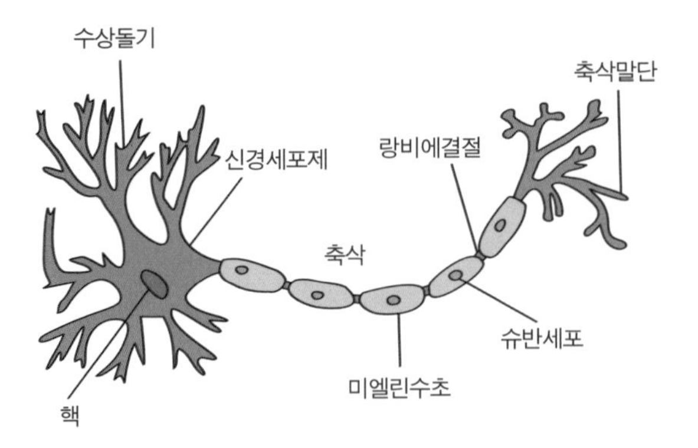
수상돌기
축삭말단
신경세포제
랑비에결절
축삭
슈반세포
미엘린수초
핵

뉴런의 구조

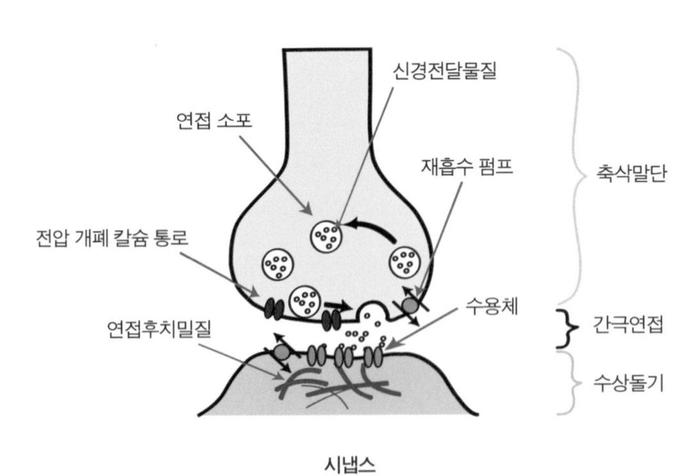
신경전달물질
연접 소포
재흡수 펌프
축삭말단
전압 개폐 칼슘 통로
수용체
간극연접
연접후치밀질
수상돌기

시냅스

로젠블라트는 '퍼셉트론(Perceptron)'이라는 개념을 제안합니다.

퍼셉트론이란 입력이 주어졌을 때 0 또는 1이라는 출력이 나오는 가장 기본적인 인공신경망을 의미하는데요. 퍼셉트론의 동작은 다음 식과 같이 매우 간단합니다. x1, x2와 같은 입력에 가중치 w1, w2를 곱하고, 편향(b)이라는 값을 더하면 되지요.

$$Y = \Sigma\,(\text{가중치} * \text{입력}) + \text{편향}$$

'활성화 함수'라는 것이 있어서 이들을 모두 더한 값이 임계값(0)보다 크다면 뉴런이 활성화되어 1로 출력하고, 작다면 0을 출력합니다.

지금까지 설명한 퍼셉트론을 그림으로 표현하면 다음과 같습니다. 어떤 입력값이든 출력을 0과 1로 결정하기 때문에 '바이너리 분류기' 혹은 '이진 분류기(Binary Classifier)'라고 부릅니다.

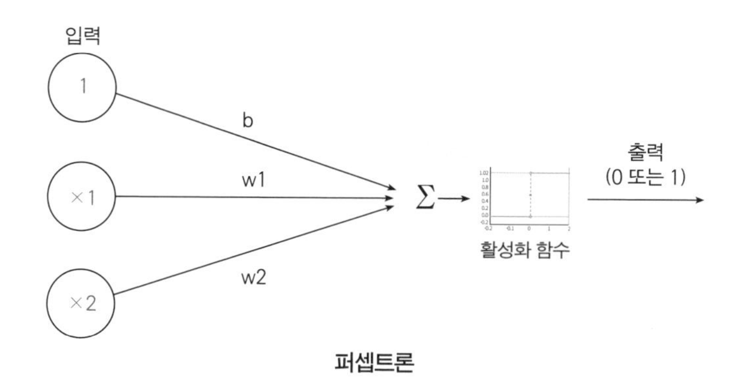

퍼셉트론

가중치라는 단어에서 암시하듯이 뉴런(동그라미)이 모든 입력을 평등하게 받아 처리하는 것은 아닙니다. 어떤 입력값은 비중을 더해 받고, 어떤 입력값은 비중을 줄여서 받지요. 이것이 바로 가중치(weight)의 역할이지요.

퍼셉트론에서 가중치의 역할이 매우 중요합니다. 입력값과 출력값은 이미 정해져 있기 때문에 이 둘 사이를 연결해줄 아주 적절한 가중치를 찾아야 하거든요. 퍼셉트론을 이용해 그림과 같이 파란색 점과 주황색 점을 분류하기 위해 선을 그을 수 있습니다. 퍼셉트론은 직선을 그어 데이터를 나눌 수 있는 선형분류기인데요. 이 퍼셉트론에는 한계가 있었습니다. 파란색 점과 주황색 점이 오른쪽 그림과 같이 분포할 경우 퍼셉트론을 이용해 나눌 수 없다는 한계였지요.

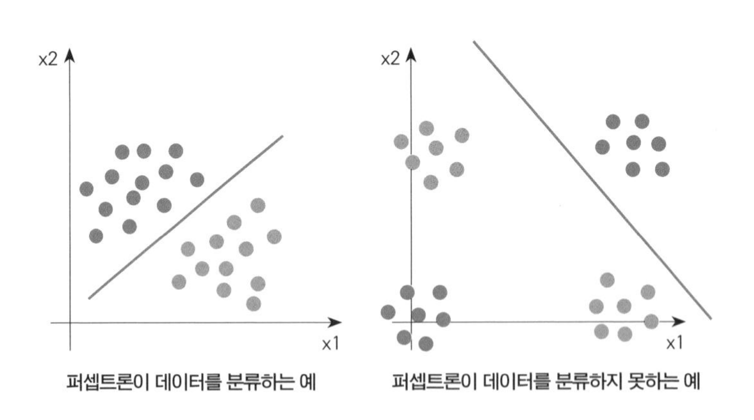

퍼셉트론이 데이터를 분류하는 예　　퍼셉트론이 데이터를 분류하지 못하는 예

당시 인공지능 연구에 높은 기대를 가졌지만, 1969년 출간된 마빈 민스키와 시모어 패퍼트의 저서 『퍼셉트론』을 통해 단층 퍼셉트론이 이런 간단한 문제도 해결하지 못한다는 사실이 증명되면서 정

부의 투자가 줄어들고 '인공지능 겨울'을 보내게 되었지요.

오랜 시간이 지난 1986년, 제프리 힌튼은 단층 퍼셉트론이 못 하는 일을 여러 개 층으로 구성된 다층 퍼셉트론이 할 수 있다는 사실을 발견하는데요. 다층 퍼셉트론(MLP, Multilayer Perceptron)을 사용하면 다음과 같이 선을 2개 그려 파란색 점과 주황색 점을 나눌 수 있다는 내용이었죠. 이렇게 다층 퍼셉트론이 XOR 문제를 해결할 수 있다는 사실을 발견하면서 추운 겨울을 보냈던 인공지능 연구에 진전이 생겨났답니다.

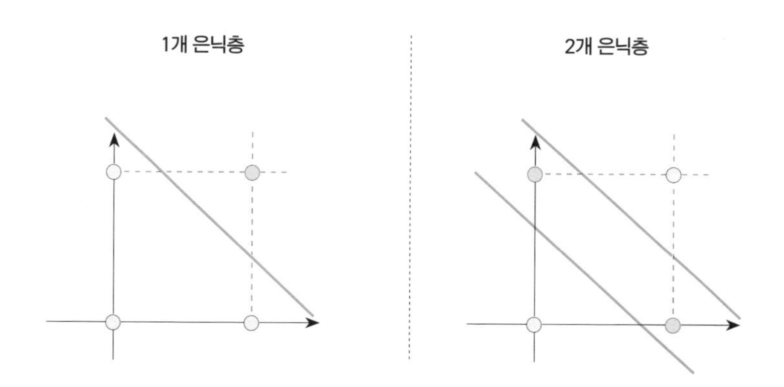

퍼셉트론이 다음과 같은 데이터를 분류하지 못하는 문제를 'XOR 문제'라고 부릅니다. XOR 게이트가 어떻게 동작하는지 이해한다면 왜 XOR이라는 이름이 붙었는지 이해할 수 있습니다.

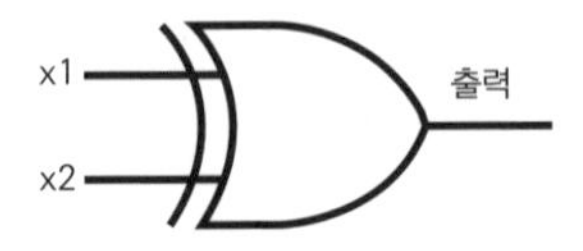

위 그림이 바로 XOR게이트입니다. 두 입력값이 서로 다르면 1을 출력하고, 같으면 0을 출력하는 논리 게이트인데요. 아래 왼쪽 표에 보면, x1과 x2의 값이 (0, 0)으로 동일하면 0의 출력이 나옵니다. 반대로 x1과 x2의 값이 (0, 1)로 다르면 1의 출력이 나옵니다. 이 데이터를 점으로 찍으면 오른쪽 그림과 같은 그래프가 그려지는데요.

단층 퍼셉트론으로는 이와 같은 데이터를 분류하지 못하기 때문에 이것을 'XOR 문제'라고 부릅니다.

입력		출력	점 색깔
x1	x2		
0	0	0	파랑
0	1	1	주황
1	0	1	주황
1	1	0	파랑

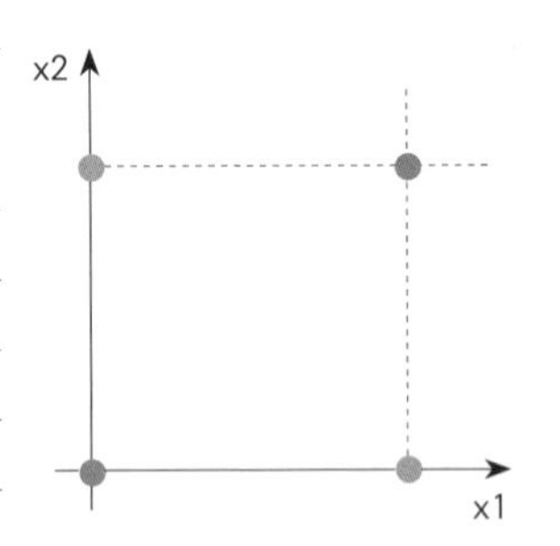

뇌에서 영감을 받은 인공신경망

17

인공신경망(ANN, Artificial Neural Network)은 다음과 같이 퍼셉트론이 여러 개의 층으로 이루어진 다층 퍼셉트론★을 말합니다. 뉴런이라고 불리는 동그라미(노드)와 이 동그라미를 이어주는 화살표로 여러 개의 뉴런이 복잡하게 연결됩니다. 인공신경망의 맨 왼쪽의 층을 입력층이라고 하고, 오른쪽의 층을 출력층이라고 하는데

★ 다층 퍼셉트론을 '바닐라 네트워크'라고 부르기도 합니다.

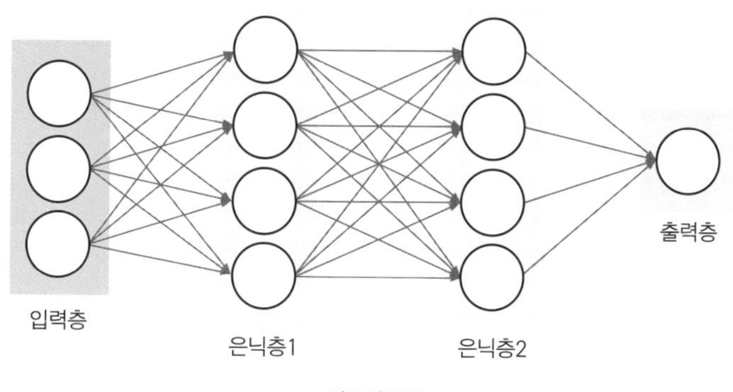

인공신경망

요. 왼편에서 입력이 들어오면, 화살표를 따라 오른편에 출력이 나옵니다.

전문가들은 인간의 뇌에서 영감을 받아 만든 이 신경망에 '인공(artificial)'이라는 말을 붙였습니다. 인공신경망은 컴퓨터에서 동작하는 일종의 알고리즘인데요. 인공신경망이 인간의 뇌에서 영감을 받아 만들어졌지만, 그렇다고 이것은 인간의 뇌 수준은 아닙니다. 전문가들은 인공신경망을 그저 통계학적 학습 알고리즘 수준으로 소개하고 있으니까요.

'알고리즘'이라는 단어는 어떤 문제를 해결하기 위한 코드를 말합니다. '학습 알고리즘'이라는 말을 사용한 것을 보면, 기계가 학습할 수 있도록 작성된 코드라는 것을 알 수 있습니다. 무엇인가를 알려주면 배울 수 있는 능력을 가지고 있기 때문에 '학습'이라는 단어가 붙은 것이지요.

인공신경망의 학습과정은 어린시절 아이들의 학습방법과도 유사합니다. 고양이 사진을 보여주고, '인공지능아! 이게 고양이 사진이야'라고 알려주면 알고리즘 내부에 전기신호가 흘러 변화가 일어납니다.

전기신호는 앞에서 살펴본 가중치에 영향을 미칩니다. 가중치는 노드에 들어오는 입력의 세기를 달리하여 출력으로 내보내줄 수 있는 역할을 하는데요. 인공신경망의 학습 알고리즘에서 '학습'은 이 가중치를 결정하는 과정입니다. 이 숫자를 결정하기 위해 통계적 기법이 동원되는 것이지요.

인공신경망은 여러 개의 뉴런으로 연결되어 있습니다. 하나의 뉴런은 이전 뉴런에서 받은 입력 데이터를 내부적으로 처리한 후 그 결과를 출력으로 내보냅니다. 뉴런 내부적으로는 입력 데이터에 가중치를 곱하고 그 결과를 모두 더한 다음에 활성화 함수를 통과시킵니다.

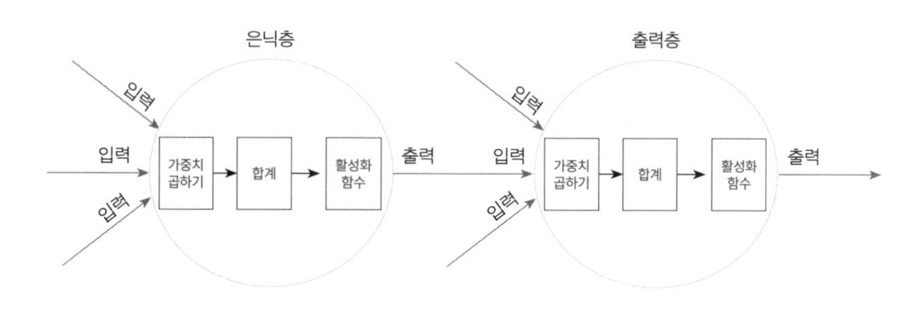

인공신경망의 뉴런

입력값과 출력값은 처음부터 고정되어 있습니다. 인공신경망에서 바꿀 수 있는 변수는 가중치이기 때문에 입력에 맞는 출력이 나오도록 가중치를 적절히 결정해야 하지요. 예를 들어, 88쪽의 그림과 같이 입력층에 **2** 모양의 이미지 데이터를 넣어주면 출력층에서 2가 출력되도록 가중치를 조정해줘야 합니다.

가중치는 입력값에 대해 중요도를 더해주는 값입니다. 그렇기 때문에 가중치의 효과는 입력층에서 출력층으로 가는 화살표의 두께로 표현할 수 있습니다. 이렇게 가중치는 출력층의 특정 노드에 영향을 미치게 되는 변수의 역할을 하지요.

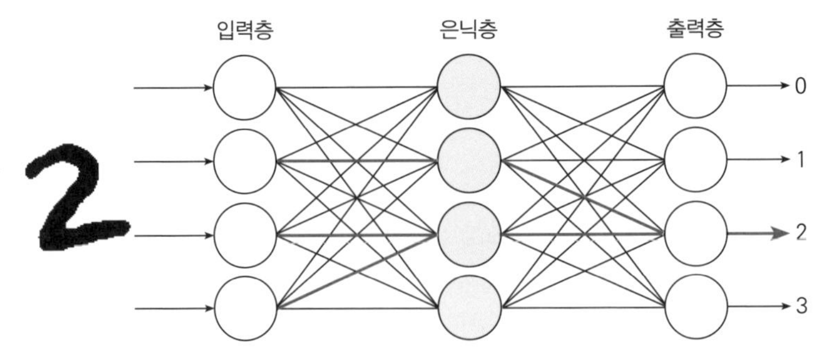

숫자 2를 분류하는 인공신경망

인공지능과 머신러닝, 그리고 딥러닝의 차이는 뭐지?

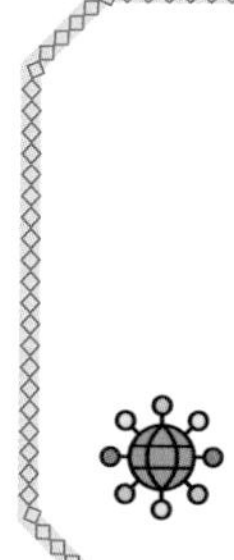

두산백과사전에서는 인공지능을 '인간의 학습능력, 추론능력, 지각능력, 자연언어의 이해능력 등을 컴퓨터 프로그램으로 실현한 기술'이라고 설명하고 있습니다. 쉽게 설명해 컴퓨터가 인간의 지적 활동을 흉내낼 수 있도록 인공의 지능을 소프트웨어로 구현하는 기술을 의미합니다.

한편 머신러닝의 정의는 인공지능보다는 범위가 좁은데요. 1959년 머신러닝의 선구자였던 아서 새뮤얼은 머신러닝을 '기계가 코드로 명시하지 않은 작업을 데이터로부터 학습하여 실행가능한 알고리즘을 개발하는 인공지능 연구 분야'라고 정의하고 있습니다. 즉 기계가 데이터를 이용해 학습할 수 있는 능력을 심어주는 것이 바로 머신러닝으로 본 것이지요.

앞에서 설명한 것처럼 인공신경망 알고리즘은 인간의 뇌에서 영감을 받아 탄생한 분야입니다. 딥러닝은 다음 그림과 같이 인공신경망의 층을 겹겹이 쌓아 만든 심층신경망을 의미하는데요. 우리 뇌의 뉴런이 서로 연결되어 신경망을 이루어 정보를 처리하는 것처럼, 인공신경망도 노드들이 연결되어 입력을 처리합니다.

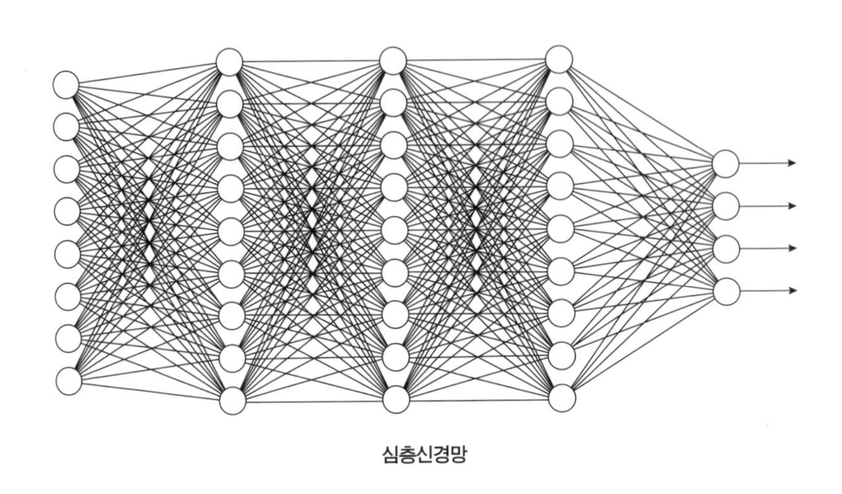

심층신경망

전문가들은 다음 그림을 이용해 이들의 관계를 설명하곤 합니다. 그림의 표현처럼 인공지능 분야는 머신러닝을 포함하고, 머신러닝 분야는 딥러닝★ 분야를 포함하고 있습니다. 딥러닝이 머신러닝에 속해 있는 한 연구 분야이지만, 최근 이 분야의 성과가 두드러지면서 딥러닝을 머신러닝과 구분지어 설명하곤 합니다.

★ 딥러닝(deep learning)은 입력층과 출력층 사이에 여러 개의 은닉층이 있는 깊은(deep) 인공신경망을 말합니다. 은닉층이 여러 개라는 의미로 '딥(deep)'이라는 수식어가 붙었습니다.

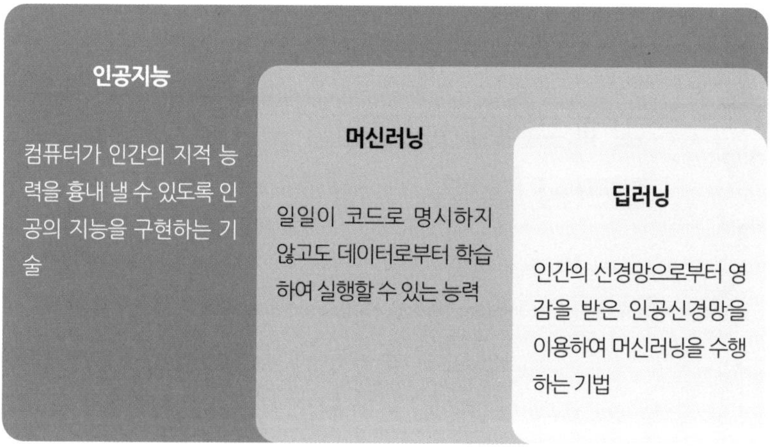

인공지능

컴퓨터가 인간의 지적 능력을 흉내 낼 수 있도록 인공의 지능을 구현하는 기술

머신러닝

일일이 코드로 명시하지 않고도 데이터로부터 학습하여 실행할 수 있는 능력

딥러닝

인간의 신경망으로부터 영감을 받은 인공신경망을 이용하여 머신러닝을 수행하는 기법

19 깊게 깊게 더 깊게, 딥러닝

머신러닝 알고리즘으로 해결하기 어려웠던 이미지 인식 분야, 자연어 처리, 음성처리 등의 영역에서 딥러닝이 두드러진 연구 성과를 보이고 있는데요. 딥러닝 연구 분야에 대한 높은 관심 덕분인지 딥러닝 분야가 머신러닝에 속해 있음에도 불구하고, 이 둘을 구별해 부르고 있습니다.

머신러닝 알고리즘과 딥러닝 알고리즘은 입력 측면에서 큰 차이가 있습니다. 머신러닝 알고리즘을 이용하기 위해서는 사람이 특징 데이터를 뽑아줘야 하지만, 딥러닝 알고리즘을 이용하면 입력 데이터에서 자동으로 특징을 뽑아줍니다.

자동차 이미지를 분류하는 경우를 예를 들어보겠습니다. 머신러닝을 위해서는 자동차에 대한 특징(바퀴 개수, 너비, 높이 등)을 뽑아 학습 알고리즘에 입력으로 넣어줘야 하지만, 딥러닝은 자동차 이미지 자체를 넣어주면 됩니다. 그 이유는 딥러닝 알고리즘이 알

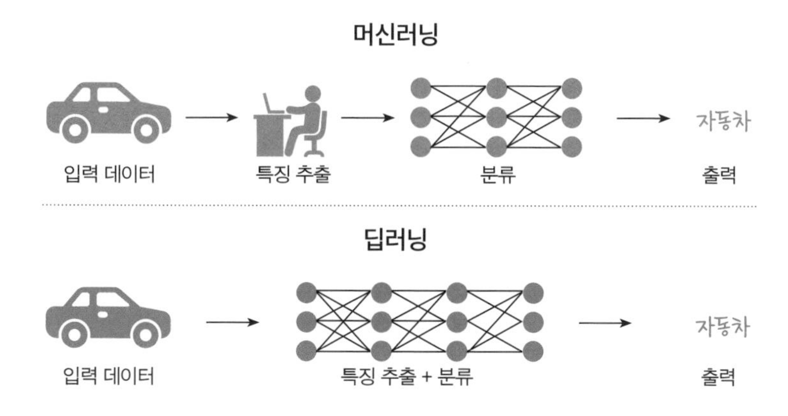

아서 특징을 뽑아주고 가중치를 업데이트하면서 학습을 진행하기 때문이지요.

다양한 동물 이미지를 인공신경망에 입력으로 넣으면 은닉층에서는 어떤 일이 일어날까요? 94쪽 그림을 보면 코끼리, 캥거루, 펭귄 이미지는 각각 빼곡한 점들로 이루어진 픽셀 데이터인데요. 첫 번째 은닉층에서는 이 픽셀 데이터를 추상화해 엣지로 변환해 줍니다. 그리고 두 번째 은닉층에서는 이 선들을 조합해 모양을 만듭니다. 세 번째 은닉층에서는 코끼리의 코와 눈이 보이기 시작하는군요. 마지막 은닉층이 되니 어렴풋하게 코끼리의 형상이 보입니다.

이렇게 딥러닝은 입력 데이터를 추상적이고 복합적인 표현으로 바꿔줄 수 있습니다. 또한, 자동으로 뽑혀진 특징 데이터가 어디에 위치해야 하는지를 스스로 학습할 수 있지요.

딥러닝은 컴퓨터 비전, 음성 인식, 자연어 처리 등의 다양한 분야에서 적용되고 있는데요. 대표적인 딥러닝 알고리즘으로는 합성곱 신경망(CNN)과 순환신경망(RNN)이 있습니다.

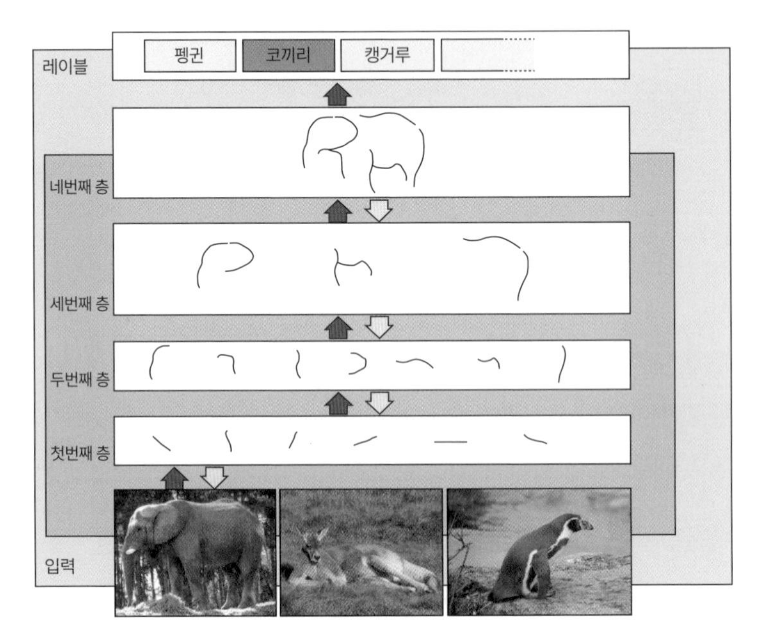

은닉층별 출력 결과

합성곱 신경망과 순환신경망

20

합성곱 신경망

다층 퍼셉트론은 각 층의 뉴런이 다음 층의 모든 뉴런에 빠짐 없이 '완전 연결(fully connected)'됩니다. 다음과 같이 28×28픽셀의 이미지를 쫙 일렬로 펼치면 784개의 픽셀이 되는데요. 이것을 입력으로 받아 은닉층에 연결합니다.

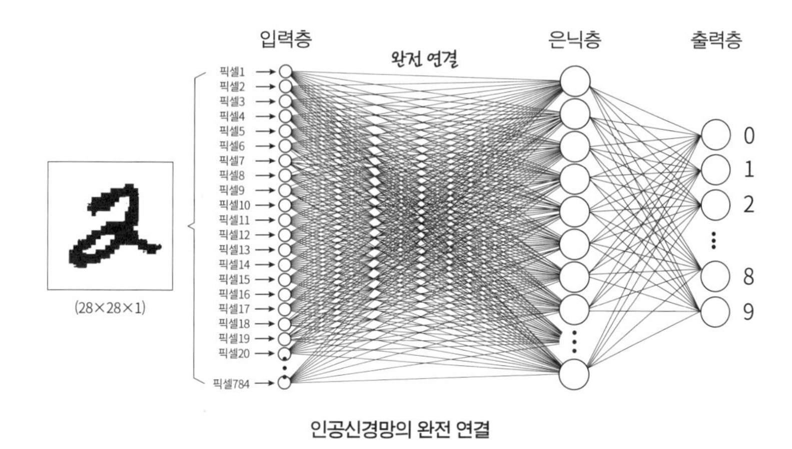

인공신경망의 완전 연결

만약 이미지가 (100×100×3)의 해상도를 가진다면 입력층의 픽셀은 30,000개가 되어야 합니다. 이것을 완전 연결하면 신경망이 매우 복잡해지겠지요. 신경망이 복잡하면 과대적합의 문제가 발생하기 쉽기 때문에 복잡함을 줄이는 방법이 필요했습니다.

합성곱 신경망(CNN, Convolutional Neural Network)은 이런 복잡함을 줄인 신경망인데요. 이미지 분석에 가장 많이 적용되는 딥러닝 알고리즘으로 완전 연결의 인공신경망보다 높은 정확도를 보이는 신경망입니다.

다음은 합성곱 신경망을 보여주고 있습니다. 지금까지의 인공신경망과 사뭇 다른 모습이지요? 앞에서 살펴본 인공신경망과 달리 합성곱 신경망에는 합성곱층(convolutional layer)과 풀링층(pooling layer)이 있습니다.

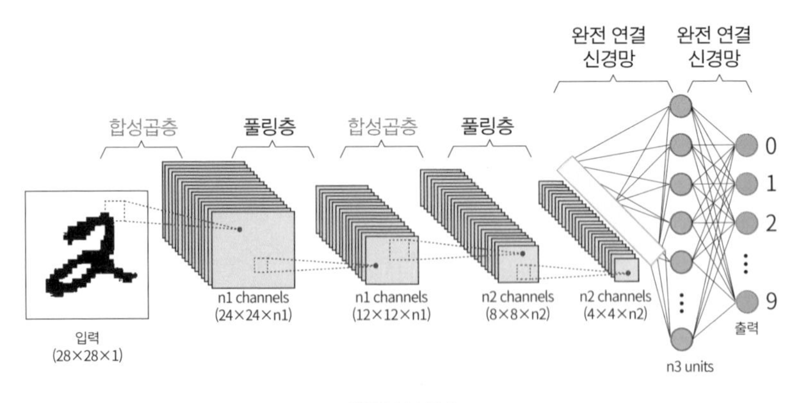

합성곱 신경망

인공신경망은 이미지의 모든 픽셀 값을 일렬로 쫙 펼쳐 입력으로 사용하지만, 합성곱 신경망은 이미지에 필터를 적용해 '특징맵'

을 뽑아내고, 이것을 입력으로 사용합니다. 합성곱 신경망에서는 이 필터가 매우 중요합니다. 이 필터의 값이 바로 가중치에 해당되는 값이기 때문에 학습을 통해 이 값을 적절히 결정해야 합니다.

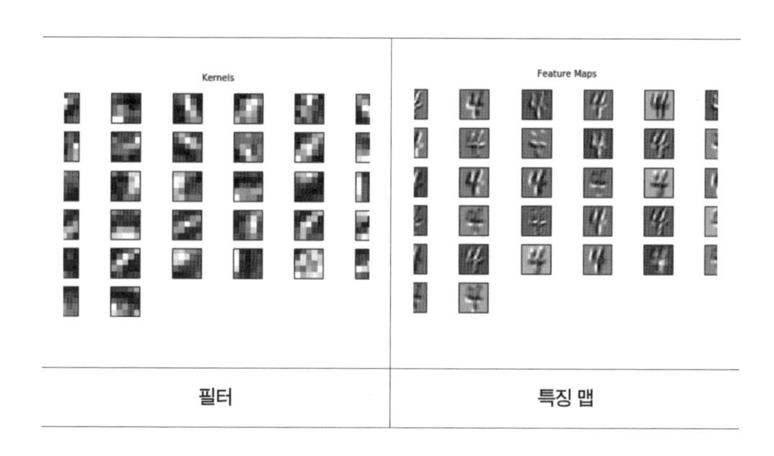

필터	특징 맵

앞에서 동물 이미지를 인공신경망에 넣으면 형상이 엣지로 나타났었지요? 합성곱 신경망을 이용하면 이런 결과를 얻을 수 있답니다. 이렇게 이미지에서 특징을 잘 뽑아내는 합성곱 신경망은 객체 인식, 자동차 번호 인식, 의료영상 진단 등 시각적 영상을 활용한 분야에서 많이 활용되고 있습니다.

순환신경망

지금까지 배운 인공신경망을 이용해 영어 문장을 한글로 번역하는 모델을 만든다고 생각해보겠습니다. 이 모델의 입력은 영어 문장이고 출력은 번역된 문장이 나와야 합니다. 그런데, 우리가 해결해야 할 번역 문제는 지금까지 살펴본 이미지 분류 문제와 다른 점이 있습니다. 첫 번째는 모델에 들어가는 입력값의 길이가 가변적이라는 것이죠. 이미지 픽셀은 고정할 수 있기 때문에 입력층의 노드 개수를 고정할 수 있었지만, 이 경우는 입력 데이터의 길이가 매번 달라지기 때문에 노드 개수를 고정하기 어렵습니다.

두 번째는 입력 데이터를 구성하는 단어의 관계가 중요하다는 점인데요. 문장은 의미를 전달하는 중요한 정보이기 때문에 문장을 구성하는 단어들의 관계를 활용할 수 있는 학습 알고리즘이 필요하다는 것을 알 수 있습니다.

이렇게 순차적이고 서로 관계가 있는 입력을 처리하기 위해 제안된 방법이 바로 '순환신경망(RNN, Recurrent Neural Network)'입니다. 순환신경망은 순차적인 데이터 처리에 좋은 성능을 내고 있기 때문에 음성 인식, 번역, 주가 예측 등에 활용되고 있습니다.

이름에서 알 수 있듯이 순환신경망은 정보가 순환하는 신경망입니다. 아래 그림을 보면 바닐라 신경망(왼쪽)과 달리 순환신경망(오른쪽)에는 정보가 순환하는 화살표가 추가되어 있습니다. 한쪽 방향으로만 흐르는 바닐라 신경망과 비교하면 순환신경망은 과거의 정보를 활용할 수 있다는 장점이 있습니다.

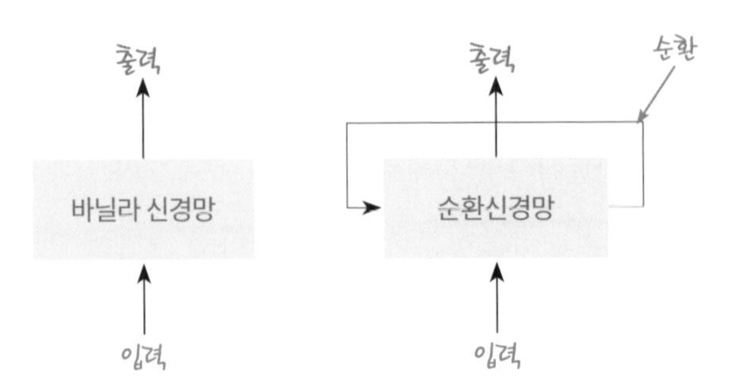

순환신경망이 동작하는 과정을 표현하면 그림과 같이 여러 개의 동일한 신경망이 연결된 모습입니다. 이렇게 연결된 신경망으로 시퀀스 형태의 데이터를 입력받을 수 있게 되고, 현재의 신경망의 정보는 다음 신경망으로 전달되어 단어들의 관계정보를 활용할 수 있지요. 예를 들어, 'I can speak in English'와 같은 영어 문장을 단어 순서대로 모델의 입력으로 넣어주면 주변 단어에 대한 관계 정보를 활용할 수 있습니다.

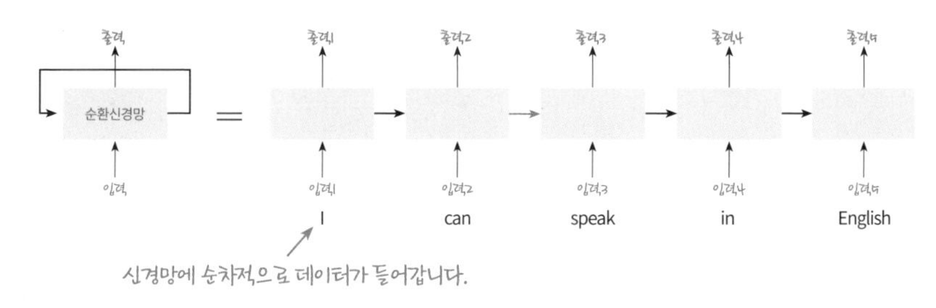

순환신경망의 동작방식

7교시 | 인공지능이 사람만큼 번역을 한다고?

8교시 | 이제부터 인공지능 내레이션이 시작됩니다

9교시 | 인공지능의 인식 능력은 수준급!

10교시 | 글자도 잘 인식하는 우리 인공지능

11교시 | 인공지능이 나를 지켜보고 있다!

12교시 | 인공지능도 사람을 차별하나?

13교시 | 나도 인공지능 코딩을 해볼까?

Part 2

인공지능은 어디에 활용되지?

인공지능이 사람만큼 번역을 한다고?

최근 인공지능 덕분에 번역 프로그램이 달라졌습니다. 이것은 인공신경망을 활용해 한글 문장과 이에 해당하는 영어 문장을 통째로 학습하도록 번역 방법이 진화하였기 때문인데요. 인공신경망이 번역 규칙을 학습하게 되면서, 학습하지 않은 새로운 문장도 매끄럽게 번역을 할 수 있게 되었답니다.

네이버 파파고 vs 구글 번역 21

앵무새를 의미하는 '파파고'를 경험해본 적 있나요? 파파고는 네이버가 무료로 제공하는 번역 서비스입니다. 사람이 아닌 컴퓨터가 번역한다는 의미로 기계번역이라는 말을 사용하는데요. 파파고는 현재 13개 언어에 대한 번역이 가능할 정도로 능력 있는 번역 서비스랍니다.

파파고 웹사이트(https://papago.naver.com/)에 접속하면 106쪽과 같이 두 개의 간단한 입력창을 보여줍니다. 비록 간단한 화면처럼 보이지만, 기능은 매우 강력하답니다. 왼쪽의 입력창에 한국

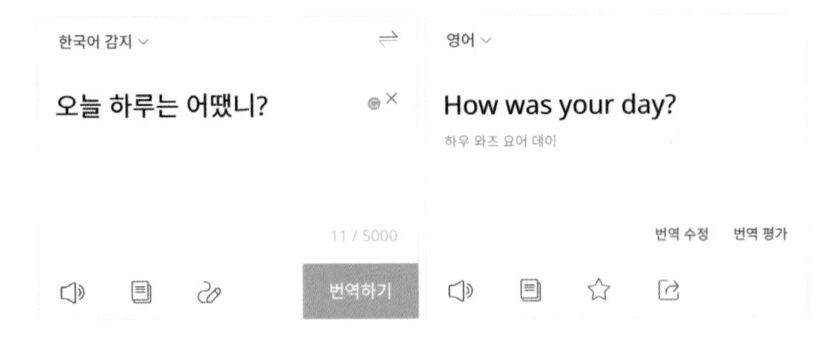

어를 입력하면 이를 자동 감지하고, 영어로 번역해주는데요. 예를 들어, '오늘 하루는 어땠니?'라는 문장을 작성하면 'How was your day?'라고 번역된 문장을 얻을 수 있지요.

언어를 문화의 일부라고 설명하곤 합니다. 다른 번역기와 달리 높임말 번역 서비스까지 제공하는 파파고 서비스가 우리나라에서는 더욱 특별해 보이는 이유인데요. 예를 들어, 'Enjoy your meal!'이라고 입력하면 '맛있게 드세요'라는 높임말로 번역해주니 파파고가 친절하게 느껴집니다.

과거의 파파고를 경험해본 사람이라면, 현재의 파파고 번역 성능에 놀랄 수도 있습니다. 번역문장의 표현이 매우 어색했던 과거의 번역 프로그램과 달리 현재의 프로그램은 실제 사람이 번역한 것과 같은 느낌까지 주니 말이지요.

과거의 번역기능은 규칙이나 통계를 기반으로 동작했습니다. 예를 들어, 한글 문장이 있다면 이를 단어와 구절로 쪼개고 각각에 맞는 영어로 바꿔주는 방식으로 번역을 해주었는데요. 한글 단어가 여러 개의 영어 단어로 번역될 수 있는 경우라면 통계적으로 확률이 높은 단어를 선택하는 식으로 동작했지요.

이런 번역 방법은 문맥을 이해하는 데 한계가 있었습니다. 예를 들어, '밤'을 번역할 때 깜깜한 밤(night)을 뜻하는지, 먹는 밤(chestnut)을 말하는지를 구별하지 못하고 엉뚱하게 번역하는 경우가 많았거든요.

최근 인공지능 덕분에 번역 프로그램이 달라졌습니다. 이것은 인공신경망을 활용해 한글 문장과 이에 해당하는 영어 문장을 통째로 학습하도록 번역 방법이 진화하였기 때문인데요. 인공신경망이 번역 규칙을 학습하게 되면서, 학습하지 않은 새로운 문장도 매끄럽게 번역을 할 수 있게 되었답니다.

우리나라에 네이버 파파고가 있다면 미국에서는 '구글 번역(Google Translate)'이 있습니다. 구글 번역은 구글에서 무료로 제공하는 번역 서비스인데요. 이 번역기에서 지원하는 언어는 무려 103가지나 됩니다.

구글 번역 서비스도 108쪽과 같이 간단한 화면으로 제공됩니다. 우리말로 '오늘 하루는 어땠니?'라고 입력해보니 'How was today?'라는 번역 결과가 나타나는군요. 동일한 우리말 문장인데

파파고와 번역결과가 다른 것은 학습 데이터가 달라서입니다.

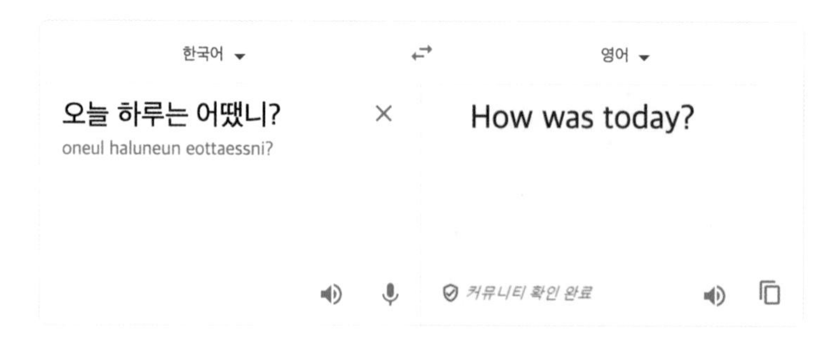

인공신경망을 통해 높은 성능을 얻기 위해서는 학습 데이터를 많이 모으는 것이 중요한데요. 구글은 전 세계 웹페이지에서 수억에서 수십억 건 넘게 데이터를 모으고 이를 인공신경망 학습에 사용했다고 합니다. 이렇게 탄생한 구글 번역은 웹페이지를 통해 제공하는 번역 서비스뿐만 아니라 유튜브에도 포함되어 언어의 장벽을 넘을 수 있도록 도와주고 있습니다.

다음 그림은 구글 AI Blog에서 제공하는 구글 번역의 성능을 비교한 그래프입니다. 인공신경망을 이용하면 과거의 번역 방법보다 성능이 향상된 것을 볼 수 있는데요. 프랑스어를 영어로 기계 번역하는 경우는 사람의 번역 품질과 큰 차이가 없을 정도입니다.

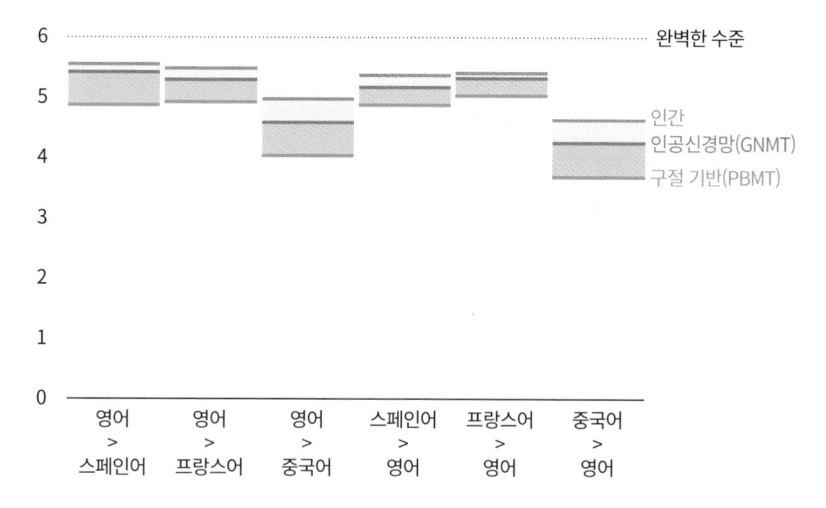

번역 모델별 품질 수준

출처: Google AI Blog

22 번역 기능을 사용하기 위한 방법

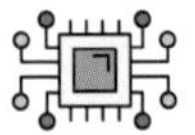

네이버 파파고와 구글 번역은 웹사이트를 이용한 번역 서비스 외에도 응용 프로그래밍 인터페이스(API)를 제공하고 있습니다. 여기서 API는 Application Programming Interface의 약자로, 어플리케이션 개발에 활용할 수 있도록 제공하는 인터페이스를 말하는데요. 개발자들은 네이버에서 공개한 API를 활용해서 내가 만든 프로그램에 번역 기능을 추가할 수 있답니다.

그런데 인터페이스가 무엇이냐고요? 예를 들어 자판기에서 사이다를 사기 위해 동전을 넣고 버튼을 누르면 사이다가 쿵 하고 떨어지는데요. 이 버튼이 바로 인터페이스입니다. 사람과 자판기 사이를 연결해주는 지점이기 때문에 그렇게 부릅니다. 바탕화면의 아이콘도 일종의 인터페이스인데요. 프로그램과 사람을 연결해주는 지점이기 때문이지요. Application Programming Interface라는 용어에서 인터페이스(interface)가 포함된 이유도 라이브러리를 활용하는 지점을 제공하기 때문이랍니다. 자판기 버튼을 통해 원하는 음료수를 선택할 수 있는 것처럼 API를 통해 번역 서비스를 이용할 수 있지요.

아래 그림에서 오픈 API라는 단어가 눈에 띄는군요. 코딩의 세계에서 '오픈'이라는 용어는 모든 사람에게 공개한다는 의미인데요. '오픈 API'에서 오픈을 사용한 이유는 내가 개발한 기능을 다른 사람이 사용할 수 있도록 인터페이스를 공개했기 때문이랍니다.

네이버 오픈 API 목록

네이버 오픈API 목록 및 안내입니다.

API명	설명	호출제한
검색	네이버 블로그, 이미지, 웹, 뉴스, 백과사전, 책, 카페, 지식iN 등 검색	25,000회/일
네이버 로그인	외부 사이트에서 네이버 로그인 기능 구현	없음
네이버 회원 프로필 조회	네이버 회원 이름, 이메일 주소, 휴대전화번호, 별명, 성별, 생일, 연령대, 출생연도, 프로필 조회	없음
Papago 번역	Papago 번역 인공신경망 기반 기계 번역	10,000글자/일

우리나라 학생들에게 더욱 좋은 일은 엔트리★ 코딩을 통해 파파고의 번역 서비스를 이용할 수 있다는 사실인데요. 112쪽 화면에서 앵무새가 그려진 그림을 선택하면 파파고의 번역기능을 엔트리 코딩에서도 경험할 수 있답니다.

네이버 개발자 사이트에서 파파고를 다음과 같이 설명하고 있습니다. 어려운 말들로 가득한

★ 엔트리는 커넥트재단에서 무료로 제공하는 소프트웨어 교육 플랫폼인데요. 엔트리를 통해 블록코딩을 배울 수 있습니다. 현재 우리나라 초등학교에서 엔트리를 가르치고 있어요.

인공지능 블록 불러오기

AI 활용블록은 인터넷이 연결되어 있어야 정상적으로 동작합니다.

번역

파파고를 이용하여 다른 언어로 번역할 수 있는 블록 모음입니다.

비디오 감지

카메라를 이용하여 사람(신체), 얼굴, 사물 등을 인식하는 블록들의 모음입니다. (IE 및 iOS 미지원)

오디오 감지

마이크를 이용하여 소리와 음성을 감지할 수 있는 블록 모음입니다. (IE/Safari 브라우저 미지원)

읽어주기

nVoice 음성합성 기술로 다양한 목소리로 문장을 읽는 블록모음 입니다. (한국어 엔진 지원)

것 같지만, 인공신경망을 활용하기 때문에 정확하고 맥락에 맞는 번역 기능을 제공한다는 점을 강조하고 있군요.

인공신경망 기반 기계번역(NMT)

NMT는 Neural Machine Translation(인공신경망 기반 기계번역)의 약어입니다. 파파고의 NMT 기술은 입력 문장을 문장벡터로 변환하는 신경망(encoder)과 문장벡터에서 번역하는 언어의 문장을 생성하는 신경망(decoder)을 대규모의 병렬 코퍼스부터 자동으로 학습합니다. 입력문장의 일부가 아니라 문장 전체 정보를 바탕으로 번역을 수행하기 때문에 기존 SMT방식의 번역보다 더욱 정확하고 문장 맥락에 맞는 번역을 하는 것이 특징입니다.

앞에서 설명한 것처럼 인공신경망은 퍼셉트론이 여러 개의 층으로 이루어진 다층 퍼셉트론을 말합니다. 인공신경망의 입력과 출력의 관계를 가중치라는 값으로 정한다고 설명드렸었는데요. 여기서 가중치를 정하는 과정이 바로 학습이랍니다.

23 번역가라는 직업이 사라질까?!

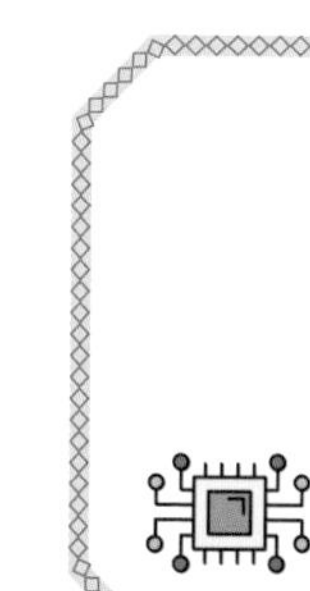

기술의 발전이 인간의 생존권을 위협한다는 생각은 역사적으로도 꾸준히 있어왔습니다. 이런 이유에서 기계번역은 궁극적으로 많은 번역가들의 일자리를 위협할 것이라 보고 있는데요.

실제 기계번역 성능이 높아지면서 사람들은 번역가의 설 자리가 없어질 것이라는 예상을 하고 있습니다. 이것은 일반인들을 대상으로 수행한 설문조사를 통해서도 확인할 수 있는데요. 설문조사 결과, 사람들은 미래에 사라질 직업으로 번역가를 1위로 뽑았습니다.

일반인들과 달리 전문가들은 다른 생각을 가지고 있는데요. 번역가들이 할 수 있는 섬세함과 문맥 파악 능력을 인공지능이 따라잡기 어렵기 때문에 당장 번역가들의 영역이 사라지진 않을 것이라고 예상하고 있습니다. 즉, 전문적인 번역은 아직 사람들의 고유한 영역이라고 생각하는 것이지요.

※ 직장인, 취준생 4,147명 대상 조사. 자료: 잡코리아, 알바몬
© shutterstock.com

실제로 기계번역의 오류가 종종 등장하고, 번역 프로그램이 문장의 맥락을 읽어낼 능력이 없기 때문에 사람의 손이 필요한 것도 사실입니다. 또한, 번역 성능이 좋아지긴 했지만, 글의 종류에 따라 정확도가 다르기 때문에 이를 종합적으로 이해해 번역할 수 있는 것은 아직은 사람들이 할 수 있는 영역이지요.

구글 번역의 최고 담당자인 마이크 슈스터(Mike Schuster)는 기계의 번역 기술이 좋아져도 사람의 통번역 활동을 완전히 대체할 수는 없다고 말합니다. 언어는 의사를 전달하기 위한 단순한 도구가 아니라 사람들과 소통하고 내 생각을 정리하는 사고의 도구이자 문화의 일부이기 때문에 기계번역이 전문번역가의 역할을 대신할 수 없다고 본 것이지요.

전문번역과 달리 초벌번역의 역할은 기계번역에 의해 이미 대체되고 있습니다. 기계번역의 성능이 좋아지면서 전문번역가들은 초벌번역가를 활용하기보다 기계번역을 통해 얻어진 번역 결과물을 검토하고 문장을 더 매끄럽게 개선하는 형식으로 번역 활동이 바뀌고 있거든요.

이제부터 인공지능 내레이션이 시작됩니다

음성합성기술은 원래 문자를 읽기 어려운 사람들을 위해 만들어졌는데요. 이 기술이 오디오북, AI 아나운서, AI 스피커 등 다양한 서비스로 확대 적용되면서 우리 일상으로 찾아왔습니다. 자연스러운 음성변환뿐만 아니라 이제는 감정에 따라서 음성이 바뀌는 기술까지도 선보이고 있는데요. '상냥한', '슬픈', '경쾌한' 등으로 음성합성 프로그램을 설정하면 느낌과 감정까지 전달하는 음성을 만들어낼 수 있답니다.

텍스트를 음성으로 바꿔주는 기술, TTS

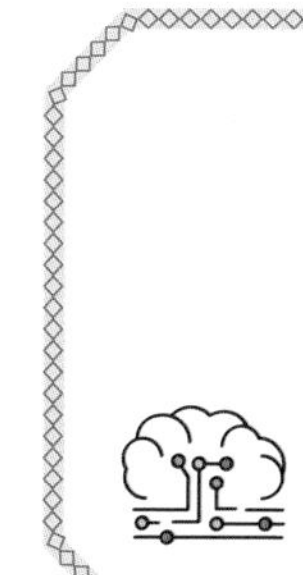

'이번 정차역은 강남, 강남역입니다'라는 목소리를 기억하나요?

바로 지하철에서 들을 수 있는 안내방송인데요. 사람 목소리로 생각될 만큼 자연스러운 이 안내방송은 텍스트를 음성으로 변환시켜주는 음성합성기술을 이용해 만들어졌습니다.

여기서 음성합성기술을 영어로는 'Text To Speech'라고 하는데요. 보통은 줄여서 TTS라고 부릅니다. 음성을 합성한다는 것은 여러 개의 음성을 합치는 것을 의미합니다. 그렇기 때문에 사람들의 목소리로 녹음한 음성이 미리 준비되어 있어야 합니다.

음성합성을 위해 성우들이 말하는 문장을 녹음하고 이를 음소 단위로 저장한 후, 각각의 단어과 음성을 연결해놓습니다. 120쪽 그림과 같이 음성으로 변환해야 할 새로운 문장이 주어지면, 이 문장의 단어들에 해당하는 음성을 찾아 이를 조합해 하나의 문장으

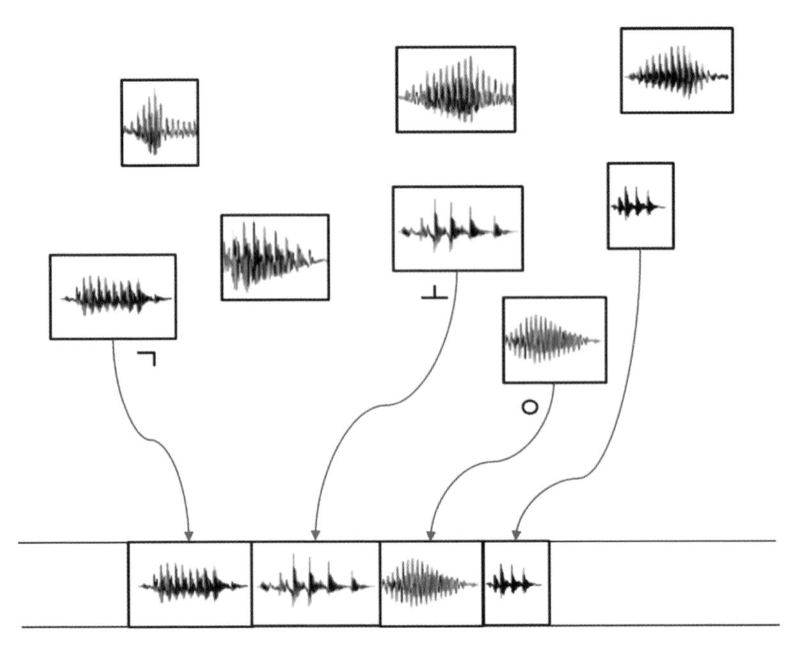

한글 단어에 맞는 음성 파형을 조립해 재생하는 장면

로 읽어주지요.

얼마 전까지만 해도 음성합성(TTS) 기술은 부자연스러운 억양으로 'B급 감성'으로 평가받아왔습니다. 성우가 녹음한 음성을 자음, 모음으로 나눠 소리를 붙이는 방식이었기 때문에 완성도가 떨어지는 편이었죠. 이런 이유 때문에 이 기술은 부자연스러움이 허락되는 장소에서 안내방송과 같은 제한된 영역에서만 활용되었습니다.

하지만 최근 음성합성이 인공지능기술을 만나면서 어색함이 한결 줄어들었습니다. 심지어 사람이 직접 녹음했다고 착각할 정도로 매우 자연스러워졌지요.

이런 자연스러움의 비결은 무엇이냐고요? 바로 인공지능의 학습에 있습니다. 사람의 목소리를 녹음해 인공지능으로 학습을 시키면 새로운 문장에 대해서도 자연스러운 말투로 표현할 수 있게 되었거든요. 몇 시간의 음성 녹음만으로 그 사람의 말투와 목소리를 가진 음성을 만들어낼 수 있다니 정말 인공지능기술의 대단함을 느끼게 합니다.

음성합성기술은 원래 문자를 읽기 어려운 사람들을 위해 만들어졌는데요. 이 기술이 오디오북, AI 아나운서, AI 스피커 등 다양한 서비스로 확대 적용되면서 우리 일상으로 찾아왔습니다.

자연스러운 음성변환뿐만 아니라 이제는 감정에 따라서 음성이 바뀌는 기술까지도 선보이고 있는데요. '상냥한', '슬픈', '경쾌한' 등으로 음성합성 프로그램을 설정하면 느낌과 감정까지 전달하는 음성을 만들어낼 수 있답니다.

딱딱하게만 느껴졌던 IT기술이 이제는 사람들에게 감동까지 선물하고 있습니다. KT에서는 '목소리 찾기' 프로젝트를 통해 청력을 잃었거나 사고나 질병 등으로 후천적으로 목소리를 잃은 농인의 목소리를 만들어주는 서비스를 제공하고 있는데요. 인공지능기술 덕분에 가족의 따스함까지 전달되는 것 같아 마음이 훈훈해집니다.

25 책 읽어주는 비서와 AI 앵커

활자가 담긴 종이책보다 소리에 귀 기울이는 사람들이 있습니다. 이들에겐 오디오북, 오디오클립, 팟캐스트 등이 조용한 시간을 보내기 위한 훌륭한 수단이라고 생각하는데요. 이런 분위기 속에 사람들은 팟캐스트, 오디오북과 같은 음성 서비스에 큰 관심을 보이고 있습니다.

오디오북의 이런 관심에도 불구하고 오디오 시장 성장에 큰 걸림돌이 있었습니다. 오디오북 제작을 위해 성우를 캐스팅해야 하고, 녹음 및 편집을 위해 많은 제작비용이 필요했기 때문에 국내 오디오북 시장 규모를 생각한다면 오디오북 제작에 쉽게 투자하기 어려운 상황이었지요.

하지만, 인공지능으로 한 단계 발전된 TTS 기술 덕분에 이런 어려움이 한결 해소되고 있습니다. 오디오북을 만들려면 성우나 연예인이 오랫동안 책 내용을 처음부터 끝까지 소리내어 읽어가

© shutterstock.com

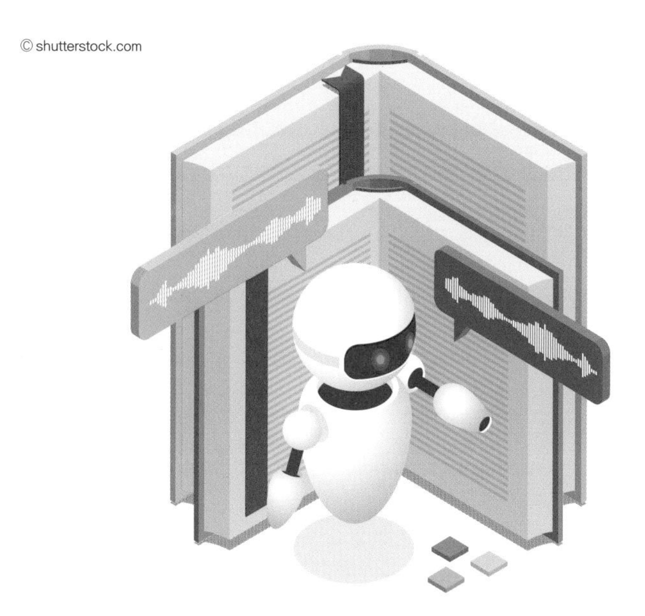

인공지능으로 한 단계 발전된 TTS 기술 덕분에 오디오북 제작의 어려움이 한결 해소되고 있다.

며 녹음을 하는데요. 이제는 그럴 필요가 없어졌습니다. 연예인의 목소리를 녹음해 자연스럽게 책을 읽어내는 음성합성 기술을 활용하고 있기 때문이죠.

대표적인 사례가 2018년 네이버 오디오클립에서 선보인 〈노인과 바다〉인데요. 배우 유인나의 목소리가 음성합성기술을 만나 사람들에게 귀로 듣는 책의 즐거움을 선물해주어 많은 사람들의 호응을 얻은 적이 있습니다.

2020년 11월 MBN TV 뉴스에 국내 최초로 AI 앵커가 등장했습니다. AI 앵커는 실제 사람이 아니라 인공지능을 통해 만들어진 앵커인데요. 실제 앵커와 구분하지 못할 정도로 AI 앵커는 수준급이었다는 평입니다.

AI 앵커는 바로 영상합성기술과 음성합성기술을 이용해 만든 가상의 앵커인데요. 이를 만들기 위해 김주하 앵커의 동작, 목소리 등을 몇 시간만에 녹화하고, 이 녹화 영상과 음성을 학습 데이터로 사용해 모델을 학습시켰다고 합니다. 이렇게 만들어진 AI 앵커는 어떤 기사내용을 줘도 김주하 앵커처럼 자연스럽게 말할 수 있었답니다.

전문가들은 실시간을 요구하는 속보 전달에 AI를 활용할 수 있을 것으로 예상하고 있습니다. 기사 내용을 입력하기만 하면 바로 읽어줄 수 있기 때문에 촬영, 편집 등의 과정을 생략할 수 있어 실시간성이 중요한 빠른 뉴스를 전하는 데 큰 역할을 할 것으로 기대하고 있습니다.

26 TTS가 범죄에 악용된다면?

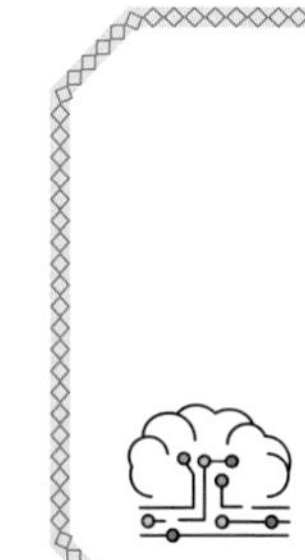

어느 날 한 직원은 상사로부터 한 통의 전화를 받습니다. "지금 시제품을 구입하려 하니 홍콩은행으로 돈을 보내주세요"라는 상사의 메시지를 받은 직원은 곧 은행으로 계좌이체를 하는데요. 상사의 목소리는 여느때와 다르지 않았고, 차분하고 안정적이었기 때문에 이것이 보이스피싱이라는 것을 전혀 의심할 수 없었습니다.

첫 번째 송금을 끝낸 직후 다시 전화가 왔습니다. 돈을 추가적으로 보내라는 지시였는데요. 돈을 계속 보내라는 상사의 지시를 수상하게 여긴 직원은 상사에게 직접 전화를 걸어 이렇게 질문합니다.

"이사님, 방금 전에 전화하셔서 홍콩은행으로 돈을 보내달라고 하셨는데, 정말 이사님이 맞으세요?"

가짜 상사의 목소리 상태나 말버릇이 진짜와 너무나 흡사하고 심지어 사투리까지 똑같아 직원은 혼란스럽기 시작합니다. 영화 속에서나 볼 수 있는 상황을 본인이 직접 경험하고 있다니…

이 이야기는 2019년 독일에서 실제 발생한 보이스피싱 피해 사건을 각색한 내용입니다. 세계 최초로 인공지능 음성합성기술을 이용한 보이스피싱 피해가 발생해 사람들의 관심을 받았던 사건이기도 한데요. 피해액도 무려 24만 3000만 달러(약 2억 8500만 원)에 달한다고 합니다.

음성합성기술의 발전으로 지인을 사칭해 돈을 가로채거나 심지어는 가족 목소리를 인공지능에 학습시켜 보이스피싱에 동원되는 사례가 발생하고 있는데요. 전문가들은 앞으로 인공지능 관련 범죄 중에서 가짜 음성과 영상이 잠재적으로 가장 심각한 문제를 일으킬 것으로 우려하고 있습니다. 기술의 발전이 이런 부작용을 낳는다는 점을 생각하면 인공지능기술의 발전이 마냥 반갑지만은 않다는 생각도 듭니다.

음성합성 서비스, 엔트리 블록과 클로버 더빙

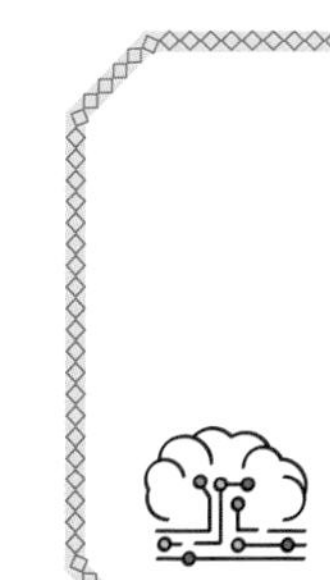

비전문가인 우리도 엔트리 블록 코딩을 이용해 음성합성기술을 경험할 수 있습니다. 아래 그림에서 '읽어주기'가 음성합성 기술을 활용할 수 있는 기능인데요.

AI 활용블록은 인터넷이 연결되어 있어야 정상적으로 동작합니다.

읽어주기 블록모음을 선택하면, 128쪽과 같이 읽어주기 블록들이 추가됩니다. 이 읽어주기 블록은 노란색 블록 안에 있는 글자를 성우의 목소리로 읽어주는 신기한 블록인데요. 심지어 설정하기 블록을 이용해 목소리, 속도, 음높이를 바꿀 수 있답니다.

오늘은 기분이 좋아요. 읽어주기

여성▾ 목소리를 보통▾ 속도 보통▾ 음높이로 설정하기

엔트리 코딩뿐만 아니라 네이버의 '클로바 보이스(Clova Voice)' 서비스를 통해서도 음성합성기술을 경험해볼 수 있습니다. 문장을 입력하면 몇 초 만에 멋진 성우의 음성으로 만들어져 자연스럽게 텍스트를 읽어주는데요. 성인과 아이, 남성과 여성의 다양한 목소리를 제공해 컨텐츠에 따라 원하는 목소리를 정할 수 있고 기쁨과 슬픔 등을 선택할 수 있지요.

이렇게 텍스트를 입력하고 목소리를 정하기만 하면 더빙을 추가할 수 있으니 참 편리한 세상입니다. 게다가 PDF 문서를 업로드하고 음성으로 변환할 텍스트를 입력하면 동영상도 제작할 수 있

으니 안내방송뿐만 아니라 교육 동영상까지 다양한 콘텐츠를 만드는 데도 활용할 수 있답니다.

인공지능의 인식 능력은 수준급!

24시간 작동하는 CCTV 영상을 누군가 하루종일 지켜보지 않더라도 컴퓨터가 알아서 사람이 해야 하는 일을 대신해줍니다. 예를 들어, CCTV 카메라가 도로변을 촬영하면, 관제센터의 컴퓨터는 불법 주정차 차량을 자동으로 잡아낼 수 있습니다. 이것은 인공지능기술이 활용된 소프트웨어 덕분이지요.

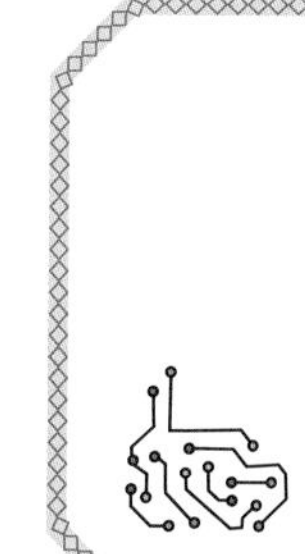

28 사물을 인식하는 객체 인식

우리 주변 곳곳에 방범용으로 설치되어 있는 CCTV 카메라를 볼 수 있습니다. CCTV 카메라에서 촬영된 영상은 관제센터의 모니터에 실시간으로 출력되는데요. 관제센터 컴퓨터에는 CCTV 카메라 영상을 실시간으로 분석해 객체를 자동으로 탐지할 수 있는 소프트웨어가 포함되어 있습니다. 여기서 객체란 사람을 포함해 자동차, 강아지 등을 가리킵니다.

24시간 작동하는 CCTV 영상을 누군가 하루종일 지켜보지 않더라도 컴퓨터가 알아서 사람이 해야 하는 일을 대신해줍니다. 예를 들어, CCTV 카메라가 도로변을 촬영하면, 관제센터의 컴퓨터는 불법 주정차 차량을 자동으로 잡아낼 수 있습니다. 이것은 인공지능기술이 활용된 소프트웨어 덕분인데요. 관제센터에 설치된 소프트웨어는 CCTV 영상 속 차량을 인식할 수 있고 일정시간 동안 정차해 있으면 불법차량으로 판단할 수 있습니다. 그리고 알아서 차량번호판 등에 대한 증거사진을 모으고, 차량 번호판에서 차량 번호를 추출해줍니다.

어떻게 영상에서 자동으로 차량을 인식해줄 수 있을까요? 이것은 바로 인공지능의 학습 능력 덕분인데요. 일일이 규칙을 정의하지 않아도 대량의 이미지 데이터를 심층신경망 알고리즘으로 학습하면 사람의 얼굴을 구분할 수 있고, 객체 탐지, 화재 발생 감지 등을 할 수 있답니다.

다음 그림은 이미지에서 강아지와 자전거, 자동차를 인식한 결과를 보여주고 있습니다. 심층신경망 알고리즘에 방대한 양의 사진을 입력으로 넣어주면, 이 알고리즘은 학습을 통해 객체를 분류할 수 있게 됩니다. 지능이 있는 사람이 보기에는 강아지를 강아지로 인식하는 것이 너무나 당연한 일이지만, 두 번의 겨울을 경험했던 인공지능 분야에서는 엄청난 성과임에는 틀림없습니다.

Just Walk Out, 아마존 고!

29

아마존닷컴이 운영하는 식료품 매장인 '아마존 고(Amazon Go)'를 여러분께 소개합니다. 50평 남짓 하는 이 매장에서는 사람들이 계산대에서 줄을 서지 않습니다. 우유와 빵 등의 원하는 상품을 가방에 넣고 나가기만 하면 알아서 계산해주기 때문이죠. 이것이 어떻게 가능하냐고요? 바로 누가 어떤 물건을 구입했는지 추적

출처 : https://youtu.be/NrmMk1Myrxc

상품을 고르면 가상 장바구니에 추가되는 모습

하는 '저스트워크아웃 테크놀로지(Just Walk Out Technology)' 기술 덕분이지요.

매장 입구에서 QR코드를 찍으면, 알아서 고객의 위치가 추적됩니다. 고객이 선반에서 상품을 들면 가상의 장바구니에 상품이 추가되고, 다시 내려놓으면 장바구니에서 상품이 삭제되는데요.

이 매장에는 계산대가 없기 때문에 쇼핑이 끝나면 매장을 그냥(just) 나가기만 하면 된답니다. 아마존 계정으로 결제가 청구되기 때문에 계산에 신경쓰지 않아도 되지요.

아마존 고의 천장을 쳐다보면 100여 개의 블랙박스 센서를 볼 수 있습니다. 이것이 아마존 고 매장을 가능하게 한 핵심 기술인데요. 이들 센서가 이용자를 추적하고 상품의 이동을 자동으로 감지

© 연합뉴스

천장에 100여 개의 블랙박스 센서가 붙어 있는 아마존 고

해주는 역할을 합니다.

특이한 사실은 상품을 식별하기 위한 칩이나 바코드가 붙어 있지 않다는 점입니다. 고객이 상품을 잡으면 어떤 상품을 선택했는지 인식하는 딥러닝 기술이 사용되었기 때문이지요.

한국에서도 아마존 고를 경험해볼 수 있습니다. 바로 우리나라 김포에 있는 '셀프(Self)' 매장인데요. 스마트폰앱을 통해 발급된 QR코드를 스캔해 매장에 들어가고, 구매할 상품을 고른 후 매장을 나가면 SSG페이로 자동 결제가 이루어진답니다.

인공지능기술을 활용한 무인 매장은 이제 전 세계의 대세가 된 것 같습니다. 미국에서는 25개의 아마존 고 매장이 운영되고 있고, 우리나라뿐만 아니라 일본, 중국에서도 아마존 고와 같은 무인 매장을 쉽게 찾아볼 수 있거든요. 중국에서는 무인 편의점 '빙고박스' 누적 점포 수가 5,000개를 넘어섰고, 우리나라에서도 세븐일레븐, 위드미 등이 무인 편의점을 등장하고 있다고 하니, 사람이 필요하지 않은 매장이 본격화되는 느낌입니다.

30 자율주행차의 객체 인식

운전자의 조작 없이 스스로 움직이는 자동차를 '자율주행차'라고 부릅니다. 사람이 없어도 알아서 운전하는 자율주행차를 구현하기 위해서 자동차도 인간 수준의 인식 능력을 갖추고 있어야 합

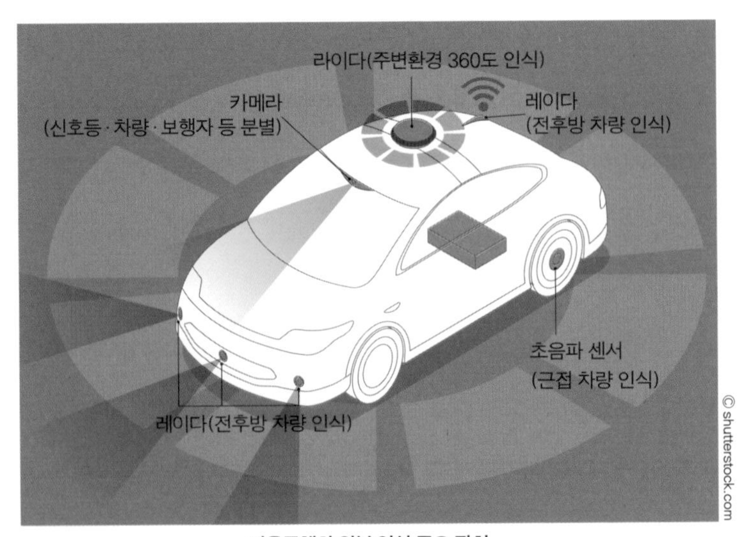

자율주행차 외부 인식 주요 장치

니다. 즉, 주행 중에 신호등과 표지판을 인식하고, 다른 차량이 차선을 바꾸는지를 순간적으로 파악할 수 있어야 합니다. 또한, 보행자를 자동차와 구별하고 있고, 도로 공사 등의 상황도 인지할 수 있어야 하는데요.

이를 위해 자율주행차에는 다양한 눈을 가지고 있습니다. 바로 카메라, 라이다(LIDAR), 레이더, GPS인데요. 자율주행차는 이런 다양한 기기로 촬영된 장면에서 '합성곱 신경망'★이라는 인공신경망을 이용해 객체를 정확히 분류할 수 있습니다.

★ 합성곱 신경망은 6교시에서 설명하고 있습니다.

다음은 바로 자율주행차가 전방을 바라보고 있는 모습이 촬영된 이미지입니다. 이 이미지에서 자동차들을 인식해서 네모 박스

자율주행차의 객체 인식 화면

에 표시해주고 있는데요. 이것은 합성곱 신경망을 이용한 객체인식 결과입니다.

정확한 객체 인식을 위해 합성곱 신경망의 경우도 학습 과정을 피할 수는 없습니다. 방대하고 다양한 학습 데이터가 있어야 정확히 객체를 인식할 수 있기 때문에 화창한 날, 비오는 날, 어두운 날 등 다양한 환경조건과 도로상황 속에서 영상을 찍어 학습 데이터를 구축하고 있답니다.

내 움직임을 인식해줘! 무브 미러

31

모션 캡처(motion capture)란 사람의 몸에 적외선을 반사시키는 마커를 부착하고, 여러 대의 카메라를 통해 적외선 영상을 촬영해 사람의 움직임을 데이터로 기록할 수 있는 방법입니다. 이것은

© 연합뉴스

센서가 부착된 특수 수트를 입은 연기자

영화, 게임, 광고 등 다양한 분야에서 활용되는데요. 예를 들어, 〈반지의 제왕〉에서 등장한 골룸 캐릭터가 모션 캡처기술을 활용해 만들어졌습니다. 센서가 부착된 특수 수트를 입은 연기자를 촬영한 후 특수 효과를 입히면 골룸과 같은 캐릭터가 탄생하는 것이죠.

사람의 몸 움직임뿐만 아니라 얼굴의 미세한 표정도 잡아낼 수 있는 '이모션 캡처'라는 것도 있습니다. 연기자의 머리에 특수 적외선 카메라를 고정하고, 마커가 붙어 있는 얼굴을 촬영하는 방식으로 세밀한 표정의 움직임을 캡처할 수 있지요.

모션 캡처를 위해 특수한 작업복을 입고 연기를 한다는 것은 참 번거로운 일인데요. 최근에는 인공지능기술을 활용해 별도의 모션 캡처 장비를 사용하지 않고도 카메라 영상을 이용해 움직임을 인식하는 기술이 소개되고 있습니다.

이런 새로운 기술은 구글에서 선보인 '무브 미러(move mirror)'를 통해 확인할 수 있는데요. 무브 미러는 인공지능과 모션 캡처를 결합한 서비스로, 웹캠을 이용해 나의 모습을 찍으면 17가지 신체 부위의 움직임을 감지해 자세를 추정할 수 있습니다. 동작 인식이 완료되면 약 8만 개의 이미지 데이터베이스에서 내 동작과 유사한 사진을 찾아주지요.

143쪽 사진에서 왼쪽이 웹캠을 이용해 주인공의 자세를 촬영한 사진입니다. 무브 미러는 카메라 영상을 통해 인식된 움직임을 분석하고, 데이터베이스에서 유사한 움직임을 가진 사진을 찾아주는데요. 오른쪽이 바로 데이터베이스에서 찾아낸 유사한 움직임을

무브 미러는 카메라 영상을 통해 인식된 움직임을 분석하고, 데이터베이스에서 유사한 움직임을 가진 사진을 찾아준다. 출처: https://www.youtube.com/watch?v=JvzkFJW6LlU

가지는 사진입니다.

이와 같은 동작인식기술은 어도비에서 만든 포토샵에서도 적용되고 있답니다. 센서가 달린 수트를 입지 않고도 자동으로 모션 캡처할 수 있는 이 기술은 인물을 지정하면 인공지능이 자동으로 인체 18개 주요 지점을 감지해 움직임을 추적합니다. 특수 수트를 입지 았았기 때문에 비교할 수 없을 정도의 간편함을 제공하는 기술이지요.

글자도 잘 인식하는 인공지능

캡차 이미지는 회원가입을 하려는 사용자가 실제 사람인지 아니면 컴퓨터 프로그램인지를 구별하기 위해 사용되는데요. 주로 6~8자의 알파벳이나 숫자를 비틀어 보여준 후 이를 올바르게 인식하면 사람으로 판단하는 것이지요. 컴퓨터 프로그램이 캡차를 인식할 수 있는 확률은 1% 이하라고 알려져 있기 때문에 사람과 해커가 만든 봇을 구별하기 위해 보안적인 수단으로 활용되고 있지요.

32 손글씨를 인식하는 인공지능

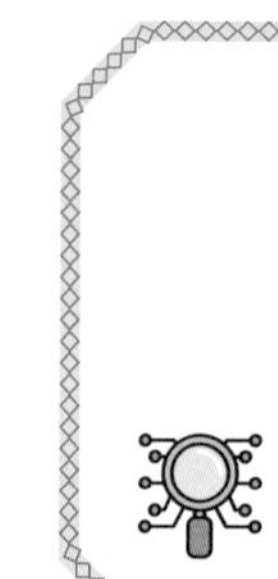

종종 편지를 부치기 위해 우체국에 갈 때가 있습니다. 서울, 대전, 대구, 부산 전국 곳곳에 편지를 배달해야 하기 때문에, 과거에 우체국 직원들은 편지봉투에 쓰인 주소를 일일이 확인하고 지역별로 분류해야 했는데요. 요즘은 인공지능기술 덕분에 우체국에서 이런 장면을 보기 어렵게 되었습니다.

우체국에 가면 148쪽 사진과 같은 우편무인접수기를 볼 수 있는데요. 편지봉투에 손글씨로 주소를 작성해서 접수기에 넣어주기만 하면 알아서 글자를 인식해주니 줄을 서서 직원을 통해 우편물을 보낼 필요가 줄어들고 있습니다.

편지봉투의 손글씨를 인식하기 위해 우편무인접수기 안에는 훈련된 인공지능 모델이 탑재되어 있는데요. 다양한 손글씨 이미지로 모델을 훈련했기 때문에 심각한 악필이 아니라면 어떤 글씨도 거뜬히 인식할 수 있지요.

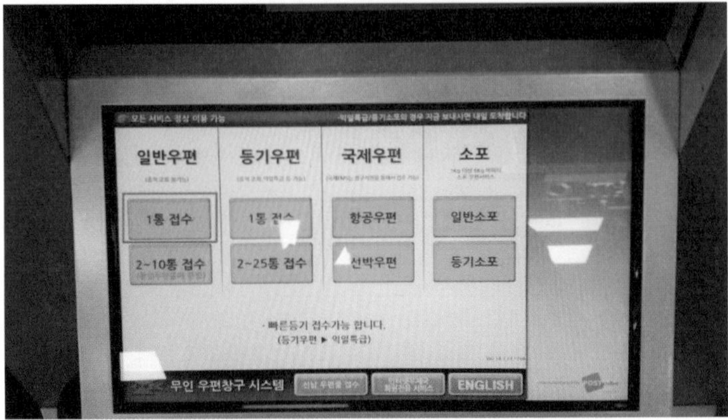

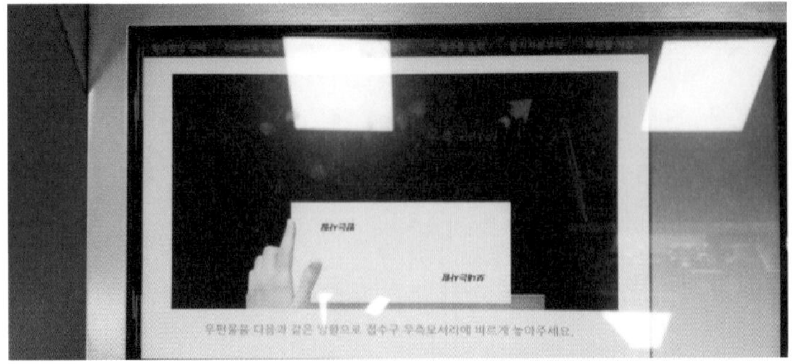

출처: https://blog.daum.net/e-koreapost/7827454

무인우편접수기 모습

너무 완벽히 학습해서 발생하는 과대적합 문제를 피하기 위해서는 방대한 데이터로 모델을 학습하는 것이 중요한데요. 이를 위해 설명한 것처럼 우리나라에서는 AI허브를 통해 손글씨 이미지를 제공하고 있습니다. 다음과 같이 다양한 손글씨가 레이블과 함께 학습 데이터로 사용되기 때문에 인공지능을 더 똑똑하게 만들 수 있답니다.

손글씨	거울	감각	결론	중얼거리다
레이블	거울	감각	결론	중얼거리다

33 인공지능이 보안문자도 인식해버리면?

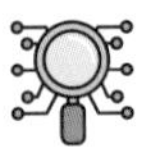

회원가입 화면에서 다음과 같은 캡차(CAPTCHA) 이미지를 종종 볼 수 있습니다. 흔히 웹사이트 회원가입 화면에서 자동가입방지를 위해 사용되는데요. 보통 해커들이 만든 봇 프로그램으로 회원가입이 어렵도록 캡차를 사용하고 있습니다.

캡차 이미지는 회원가입을 하려는 사용자가 실제 사람인지 아

출처: https://science.sciencemag.org/content/358/6368/eaag2612/tab-figures-data

니면 컴퓨터 프로그램인지를 구별하기 위해 사용되는데요. 주로 6~8자의 알파벳이나 숫자를 비틀어 보여준 후 이를 올바르게 인식하면 사람으로 판단하는 것이지요. 컴퓨터 프로그램이 캡차를 인식할 수 있는 확률은 1% 이하라고 알려져 있기 때문에 사람과 해커가 만든 봇을 구별하기 위해 보안적인 수단으로 활용되고 있지요.

인공지능기술이 발전함에 따라 보안기술 '캡차'가 뚫리기 시작했습니다. 사람만큼이나 잘 인식하는 이미지 인식 기술 때문인데요. 이런 이유 때문에 구글에서는 새로운 캡차 시스템을 만들었습니다. 아래 그림과 같이 '나는 로봇이 아닙니다(I'm not a robot)'라는 문장의 왼쪽 체크박스를 클릭하는 방법인데요. 이 캡차 시스템은 체크박스를 클릭하는 것만으로도 사람과 컴퓨터 프로그램을 인식할 수 있다고 합니다.

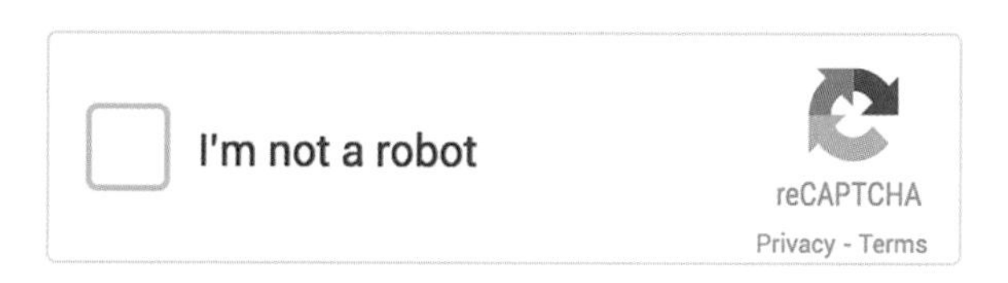

체크박스를 클릭하는 방법 이외에도 152쪽과 같은 캡차 이미지도 있습니다. 회원가입을 위해 다음 그림에서 폭포가 포함된 이미지를 모두 선택해야 하는데요. 이미지를 모두 제대로 선택했다면 봇 프로그램이 아닌 사람이 회원가입을 하는 것으로 판단한답니다. 아직은 봇 프로그램이 이런 문제까지 풀기 어렵기 때문에 보안적인 수단으로 활용되고 있지만, 인공지능기술이 발전해 이런 캡차 이미지도 프로그램이 풀 수 있는 시대가 온다면 새로운 캡차 시스템이 필요하겠는데요!

인공지능이 나를 지켜보고 있다!

건물, 놀이터 곳곳에 CCTV 카메라가 설치되어 사람들을 감시하고, 안면인식기술을 이용해 사람들의 출입을 통제하고 있습니다. 또한 신종 바이러스가 창궐함에 따라 QR코드, 동선 추적 앱 등이 정당하게 사용되고 있는데요. 빅브라더 사회 속에서 살고 있는 우리는 이를 너무나 당연하게 받아들이고 있는 것은 아닐까요?

마이너리티 리포트가 현실로?

34

20년 전에 개봉된 〈마이너리티 리포트〉는 최근 인공지능기술이 각광을 받으며 다시 회자되고 있는 영화입니다. 영화 속 미래는 2054년을 그리고 있는데요. 이 영화에서는 범죄를 예측해 범죄자를 처벌하는 최첨단 치안 시스템인 '프리크라임'이 등장합니다. 범

영화 〈마이너리티 리포트〉의 한 장면

죄가 일어날 시간과 장소, 범행을 저지를 사람까지 미리 예측할 수 있는 이 시스템은 인공지능기술의 미래를 보여주는 것만 같습니다.

20년이 지난 지금도 이 영화가 회자되는 이유는 프리크라임과 같은 인공지능 시스템을 이제 현실에서 경험할 수 있기 때문인데요. 예를 들어, 수원시에서는 범죄 발생 징후를 예측해 위험상황에 미리 대응하는 CCTV 통합관제센터를 가동하고 있는데요. CCTV 카메라를 통해 보행자를 감지하고, 사물과 움직임을 자동 분석해 배회, 침입, 쓰러짐, 싸움, 절도 등과 같은 이상행위를 탐지하는 시스템이지요.

이 시스템은 데이터베이스에 누적된 범죄 통계정보를 기반으로 CCTV 카메라 영상 속 상황을 자동 분석해 범죄가 발생할 가능성이 있는지 확률적으로 예측해줍니다. 이를 위해 범죄 발생 시 나타나는 징후와 범죄양상, 범죄 영상 데이터 등을 학습했는데요. 예

CCTV 카메라 영상 속의 상황을 컴퓨터가 분석할 수 있는 것은 모션 캡처 기술이 적용되었기 때문이다.

를 들어 공간을 배회한다거나, 담을 뛰어넘는 행위, 그리고 사람을 구타하는 이상행동 등의 영상을 학습했답니다.

CCTV 카메라 영상 속의 상황을 컴퓨터가 분석할 수 있는 것은 앞에서 살펴본 모션 캡처 기술이 적용되었기 때문인데요. 사람들의 움직임을 분석해 이상행동을 찾아낼 수 있기 때문에 하루 종일 사람이 현장을 지켜보지 않더라도 컴퓨터가 알아서 위험 징후를 찾아낼 수 있지요.

이와 같은 인공지능 시스템을 구축하기 위해서는 방대한 학습 데이터가 필요합니다. 그렇기 때문에 학습 데이터 수집 및 가공은 우리나라뿐만 아니라 전 세계적으로 중요하게 생각하는 작업이지요.

AI허브에서는 이러한 학습 데이터도 무료로 공개하고 있습니다. 폭행, 싸움, 절도, 배회 등 12가지의 이상행동 영상을 촬영해 각각에 대해 레이블이 붙어 있어 지도학습이 가능한 학습 데이터이지요.

35 내 기분을 알아주는 인공지능

내 기분을 알아주는 인공지능 서비스가 있으면 얼마나 좋을까요? 기분에 맞춰 음악도 틀어주고 조명도 바꿔준다면 하루가 즐거울 것 같습니다.

우리는 눈과 입 모양으로 사람들의 기분을 알 수 있습니다. 입꼬리가 내려가 있다면 기분이 우울하다고 생각하고, 올라가 있다면 기분이 좋을 것이라고 판단하지요. 사람들이 생각하는 것처럼 인공지능을 이용한 얼굴인식 기능도 눈과 입의 위치로 표정을 읽어냅니다.

애플이 인수한 '이모션트(Emotient)'라는 스타트업 기업은 표정을 읽는 기술을 가지고 있는데요. 10만 가지 표정을 분석해 탄생한 이 기술은 얼굴 근육의 움직임, 표정, 몸짓, 목소리 같은 미세한 행동 패턴을 통해 어떤 감정 상태인지를 알아내지요.

표정을 읽는 기술이 발전하면서 콘텐츠 추천이나 마케팅 등에

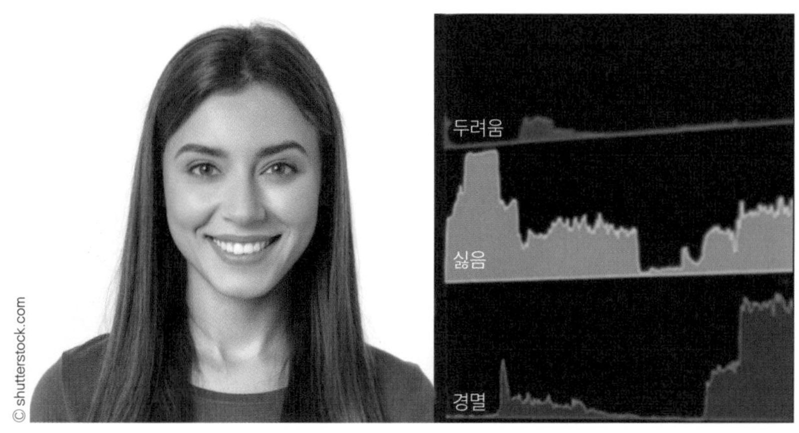

인공지능을 이용한 얼굴인식 기능도 눈과 입의 위치로 표정을 읽어낸다.

활용하는 사례가 속속 생겨나고 있습니다. 예를 들어, KT에서는 '내 감정을 읽는 스캐너 검색'으로 사람들의 감정을 분석하고 이에 맞는 콘텐츠를 추천해주고 있지요.

영화 〈아이로봇〉의 NS-5 로봇은 사람의 감정을 이해할 수 있는 로봇으로 묘사되고 있습니다. 취조실에 앉아 있는 이 로봇은 스프너 형사의 '윙크' 장면을 신기하게 바라보며 윙크가 무엇을 의미하냐고 물어보는 장면이 등장하는데요. 이런 로봇이 아직 현실에는 존재하지 않지만, 이모트의 표정 인식 기술만 있다면 로봇도 사람들의 표정을 읽어낼 수 있는 시대가 곧 오지 않을까요?

36 출입통제를 위한 얼굴인식

얼굴인식률이 높아져 스마트폰 잠김 해제 등 다양한 상황에서 얼굴을 인식하고 있는데요. 몇 년 전까지만 해도 얼굴인식률이 떨어져 다른 사람을 내 얼굴로 잘못 인식하는 경우가 많았지만, 최근 딥러닝 기술의 사용으로 인식 정확도가 95% 이상으로 매우 높아졌습니다.

얼굴인식은 단어 의미 그대로 컴퓨터를 이용해 사람들의 얼굴을 인식하는 것인데요. 얼굴인식을 위해서는 사전에 얼굴 이미지를 분할하고, 얼굴의 특징점을 뽑아내는 과정을 거쳐야 합니다. 이렇게 뽑혀진 특징점이 데이터베이스에 저장되어 있어야 이것이 나중에 사용자 인증을 위해 활용될 수 있답니다.

보안시설에 출입하기 위해 카메라로 얼굴을 촬영하면, 컴퓨터는 특징점을 뽑아내 미리 저장된 데이터와 비교합니다. 만약 동일한 정보를 찾아냈다면 출입을 허가해주고, 동일한 정보가 없다면

얼굴인식을 위해서는 사전에 얼굴 이미지를 분할하고, 얼굴의 특징점을 뽑아내는 과정을 거쳐야 한다.

출입을 통제하지요.

얼굴인식은 보안이 중요한 인천공항에서 실시간으로 작동하고 있습니다. 항공권을 살 때 얼굴과 지문 정보를 입력하면 출국장 입장, 보안 검색, 항공기 탑승의 복잡한 과정을 얼굴과 지문 정보만으로 빠르게 진행할 수 있게 해줍니다.

얼굴인식의 경우 카메라 근처 2m 이내로만 접근하면 자동으로 인식할 수 있기 때문에 신분 확인을 위해 줄을 서서 기다릴 필요가

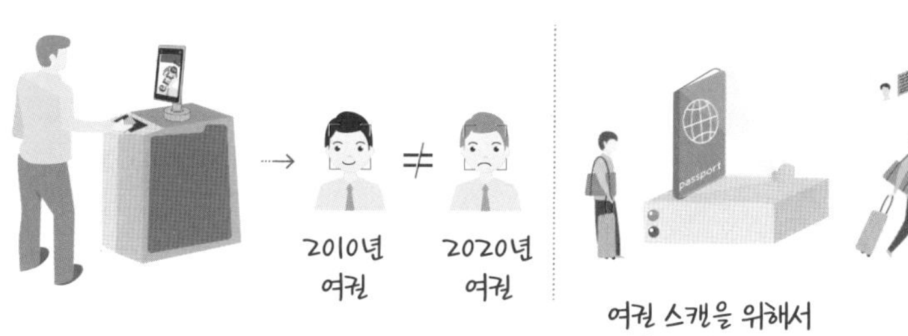

없게 되었습니다. 더구나 1시간 이상이나 걸렸던 출국시간을 단축할 수 있게 되어 우리에게 신속함까지 선물해주는 기술이지요.

어느 SNS에 사진을 올리면 사진에 네모 박스가 나타납니다. 이것은 얼굴자동인식 기능이 사용되고 있다는 표시인데요. 얼굴자동인식은 친구가 올린 사진 · 동영상에 자신의 모습이 들어 있을 때 이 사실을 알려주고, 내가 올리는 사진 · 동영상에 친구가 포함되어 있으면 이를 자동으로 인식해 이름을 태그로 보여줍니다.

인공지능을 활용한 얼굴인식 기능이 우리에게 편리한 삶을 선물해주고 있지만, 부적정인 측면도 물론 있습니다. 중국에서는 소셜 미디어에 사람의 얼굴 데이터를 단돈 몇백 원에 판매한다는 게

인공지능을 활용한 얼굴인식 기능이 우리에게 편리한 삶을 선물해주고 있지만, 부적정인 측면도 물론 있다.

© shutterstock.com

시물이 목격되고 있고, 페이스북과 구글 등에서 비공개로 구축한 얼굴 데이터베이스를 다른 나라의 연구소와 정부기관 등에 공유한 사실이 밝혀지면서 사생활 침해의 이슈가 붉어지고 있습니다. 이런 이유 때문에 무분별한 안면인식기술 사용을 자제해야 한다는 목소리도 커지고 있지요.

37

인공지능으로 감시하는 빅브라더 사회

다음 사진은 얼굴인식 소프트웨어로 찍힌 중국 거리의 모습니다. 주요 보안 시설이 아닌데도 거리의 사람들이 카메라로 촬영될 뿐만 아니라 한 명 한 명을 객체로 인식하고 있습니다. 아래 사진에서 네모 상자로 표시된 사람이 남자인지, 어떤 색의 옷을 입었는지까지도 인식되고 있을 정도입니다.

중국은 얼굴인식으로 통하는 '솨롄(刷臉, 얼굴 스캔) 대국'으로 바

관공서, 지하철, 은행 등에서도 안면인식 서비스를 도입하고 있어 얼굴이 이제 신분증 역할을 하게 되었다.

꿔고 있습니다. 공항에서는 얼굴 스캔으로 탑승권을 발권할 수 있고, 기차도 별도의 승차권 없이 안면인식으로 탑승할 수 있습니다.

관공서, 지하철, 은행 등에서도 안면인식 서비스를 도입하고 있어 얼굴이 이제 신분증 역할을 하게 되었습니다. 심지어 베이징에서는 카메라로 주민들의 얼굴을 인식해 쓰레기통 입구를 열어주는 스마트 쓰레기통이 등장했고, 기차역에서는 경찰이 안경형 얼굴인식 기기를 착용해 앞쪽에 지나가는 사람들의 얼굴인식으로 2~3분 내 범인을 찾아낼 수 있습니다.

이렇게 모든 것이 얼굴인식으로 통하는 중국을 빅브라더 사회로 표현하고 있습니다. 빅브라더 사회는 조지 오웰의 소설 『1984』에서 묘사된 거대한 감시 및 통제사회로, 감시 아래 모든 것이 국가에 의해 통제되는 사회를 의미하는데요. 이 소설 속에는 거리와 가정에 텔레스크린이 설치되어 사회 곳곳을 감시하는 모습이 그려지고 있습니다.

이런 빅브라더 사회는 비단 중국만의 사회적 현상은 아닙니다. 그 이유는 우리나라에서도 건물, 놀이터 곳곳에 CCTV 카메라가 설치되어 사람들을 감시하고, 안면인식기술을 이용해 사람들의 출입을 통제하고 있습니다. 게다가 신종 바이러스가 창궐함에 따라 QR코드, 동선 추적 앱 등이 정당하게 사용되고 있는데요. 빅브라더 사회 속에서 살고 있는 우리는 이를 너무나 당연하게 받아들이고 있는 것은 아닐까요?

인공지능도 사람을 차별하나?

인공지능기술이 다양하게 활용됨에 따라 인종차별뿐만 아니라 가짜 이미지나 영상, 뉴스 등 다양한 사회적 문제가 발생하고 있는데요. 인류의 유익을 위해 만들어진 인공지능이 충분히 악의적으로 목적으로도 활용될 수 있기 때문에 전문가들은 인공지능의 윤리를 강조하고 있습니다.

인공지능의 인종차별 38

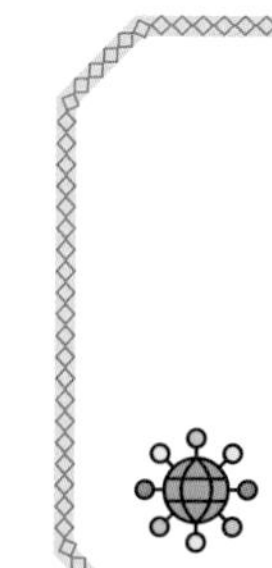

비대면 시대의 흐름에 맞춰 인공지능 면접이 대세로 자리잡았습니다. 인공지능 면접 프로그램은 카메라에 찍힌 지원자의 얼굴, 음성 인식을 통해 표정이나 목소리 등을 분석하는데요. 사람들은 인공지능이 수행하는 면접이 사람이 관여하는 면접보다는 공정할 것으로 기대합니다. 하지만, 최근 여러 사례를 통해 부각된 이슈를 생각하면 꼭 그렇지만은 않다는 생각이 듭니다.

아마존은 과거 10년 동안 회사에 제출된 이력서를 바탕으로 구직자 평가 알고리즘을 개발했는데요. 객관적이고 공정할 것만 같은 인공지능이 여성을 차별하는 결과가 뒤늦게 발견되었습니다. 모델 학습을 위해 사용된 데이터가 남성이 작성한 구직서류였기 때문에 이 알고리즘이 여성에게는 불리한 결정을 내린 것이었죠.

디트로이트주 경찰이 범죄 용의자로 무고한 흑인 남성을 체포하는 일도 발생했는데요. 이 사건은 경찰이 사용하는 얼굴인식기

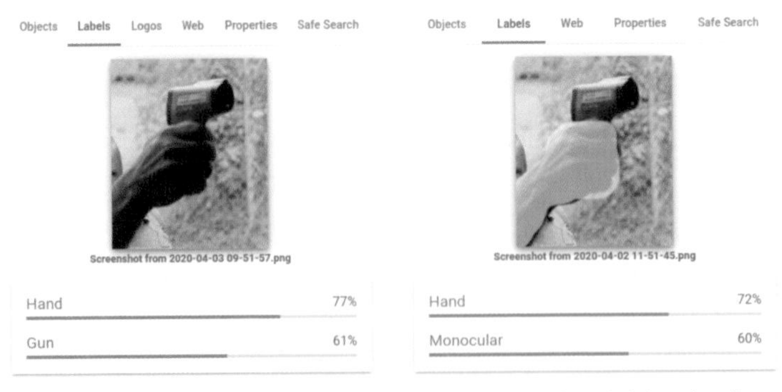

체온계를 쥐고 있는 어두운 피부색의 사람이 '총'을 들고 있다고 잘못 인식하는 인공지능.
출처: https://algorithmwatch.org/en/story/google-vision-racism/

술이 범죄자와 유색인종의 얼굴을 제대로 식별하지 못하는 데 원인이 있었습니다. 얼굴인식을 위한 인공지능 학습 데이터가 백인 남성들의 얼굴을 중심으로 만들어졌기 때문에 이런 문제가 발생한 것이었지요.

이런 인공지능 차별에 대한 논란은 과거부터 계속 있어왔는데요. 구글 포토앱에서 흑인 여성을 고릴라로 인식하고, 구글 비전 클라우드에서는 체온계를 들고 있는 어두운 피부색의 사람이 총을 든 것으로 잘못 인식해 논란이 있었습니다.

2016년 마이크로소프트(MS)의 인공지능 채팅 로봇인 '테이'가 학습의 결과로 "대량학살에 찬성한다"라고 표현해 우리에게 인공지능의 위험성을 일깨워준 사건이 있었습니다. 이것은 테이가 트위터를 통해 공개된 직후 일부 극우주의자들로부터 욕설과 인종차별 발언, 자극적인 정치적 발언 등을 세뇌 당한 결과라고 해명했는데요. 마이크로소프트는 테이의 극단주의적 관점이 '타고난 천성'이 아닌 '양육의 결과'라는 점을 강조하지만, 인공지능의 학습이 얼마나 무서운지를 알려주는 사례임은 분명해 보입니다.

전문가들은 우리 사회에 이미 차별이 내재돼 있기 때문에 이를 학습하는 인공지능도 차별이 있을 수밖에 없다고 이야기합니다. 차별이 현존하는 사회의 데이터를 학습하기 때문에 인공지능도 사람과 같이 편향된 결과를 내놓는 것이지요.

이런 인공지능의 위험성이 논란이 되면서 인공지능 윤리에 대한 관심이 높아지고 있는데요. 이런 분위기 속에 우리나라뿐만 아니라 세계 각국에서 인공지능 윤리에 대한 연구가 활발히 진행되고 있습니다.

39 양날의 칼, 인공지능

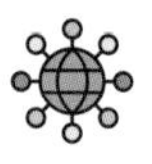

제조현장에서 로봇 자동화는 대세가 된 지 오래입니다. 자동화가 본격화되면서 사람이 필요하지 않은 일자리가 많아지고 있는데요. 맥킨지의 「사라지는 일자리와 생겨나는 일자리 : 자동화 시대 노동력의 전환」 보고서에 따르면 인공지능, 로봇 등을 활용함에 따라 2030년이 되면 4~8억 명이 일자리를 잃을 것으로 예상하고 있습니다. 블루칼라로 대표되는 제조업뿐만 아니라 화이트칼라 일자리도 자동화의 물결을 피할 수 없는 상황인데요. 로봇이 기사를 작성해주고, 외국어로 문장을 번역하는 등 전문가 영역에서도 인공지능의 바람이 불고 있습니다.

앞에서 살펴본 아마존 고의 '저스트워크아웃 테크놀로지'를 사용하면 5만 명에 가까운 직원이 하는 일을 4,000여 명으로 줄일 수 있다고 합니다. 역사적으로 직업은 항상 사라졌고, 새로운 직업이 탄생하고 있긴 하지만, 그 기술의 변화에 따라 사회가 급격하게 변

블루칼라로 대표되는 제조업뿐만 아니라 화이트칼라 일자리도 자동화의 물결을 피할 수 없는 상황이다.

화한다는 점은 우리에겐 우려할 만한 현실인 점은 분명합니다.

한편, 인공지능에 대한 막연한 두려움을 가져서는 안 된다는 의견과 함께 인공지능의 최대 수혜자는 인간이라고 설명하는 전문가도 많습니다. 병원에 가면 의사를 만나기 위해 1시간을 기다리고 10분도 안 되는 진료를 받습니다. 환자들은 의사의 맞춤형 진료를 기대하지만, 격무에 시달리는 의사에게는 현실적으로 불가능한 일이죠. 만약, 인공지능이 의사의 조력자 역할을 한다면 이런 상황이 개선될 수도 있을 것 같습니다. 매년 쏟아지는 의료 정보를 인공지능이 분석해 환자마다 적절한 치료법을 제안해준다면, 의사들의 과도한 업무를 줄일 수 있고, 환자들은 양질의 진료를 받을 수 있을 것이기 때문이죠.

희망적인 메시지는 없어지는 일자리만큼 새로운 분야에서 5억

5500만~8억 9000만 개 일자리가 생겨난다는 점인데요. 기술의 발달로 경제, 사회적 구조가 변화되면서 SW 엔지니어, 웹 개발자 등 IT 일자리, 육아 · 요리 · 청소 등 가사 서비스 분야, 의료 · 간병 · 개인 도우미와 같은 헬스케어 산업 등에서 새로운 일자리가 생겨날 것으로 예상하고 있답니다.

그렇다면 미래에는 어떤 직업을 선택해야 할까요? 미래의 유망 직업을 위해 무엇을 준비해야 할까요? 사실 어느 누구도 미래의 직업을 정확히 예측하기 어렵습니다. 그렇기 때문에 특정한 직업을 정해 지금부터 준비하기보다 세상의 흐름을 이해하면서 자신이 원하는 직업을 찾아가는 것이 중요하답니다.

40 인공지능 윤리를 고민할 때

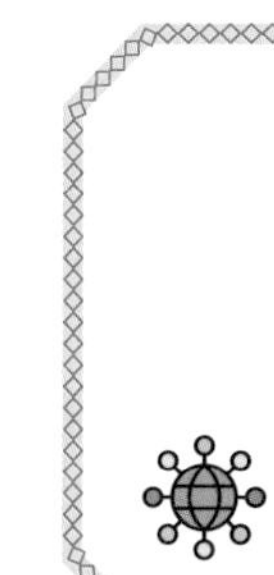

모든 일을 객관적으로 처리할 것만 같아 보이는 인공지능이 왜 사람을 차별하는 걸까요? 인공지능에게도 감정이 있어서 그런 걸까요? 그 이유는 바로 인공지능이 학습하는 세상에 차별이 존재하기 때문입니다.

인공지능기술이 다양하게 활용됨에 따라 인종차별뿐만 아니라 가짜 이미지나 영상, 뉴스 등 다양한 사회적 문제가 발생하고 있는데요. 인류의 유익을 위해 만들어진 인공지능이 충분히 악의적 목적으로도 활용될 수 있기 때문에 전문가들은 인공지능의 윤리를 강조하고 있습니다.

한국인공지능윤리협회에서는 2019년 인공지능 윤리헌장을 제정해 발표했는데요. 인공지능의 안전과 윤리를 확보하면서 인공지능기술을 발전시킬 수 있도록 윤리헌장은 총 5개의 장으로 이루어져 있습니다.

© shutterstock.com

다음은 인공지능 윤리헌장의 일부를 발췌한 내용입니다. 윤리헌장 3장에서는 인공지능을 개발자의 윤리를 선언하고 있고, 4장에서는 인공지능 소비자의 윤리를 선언하고 있는데요. 인공지능을 만드는 개발자뿐만 아니라 이를 사용하는 사용자도 윤리의식을 가져야 함을 강조하고 있습니다.

제3장 인공지능 개발자의 윤리

제21조 인공지능 개발자는 강화된 윤리적 책임의식을 가져야 한다.

제22조 인공지능 개발자는 인간에게 해를 끼치는 인공지능을 만들어서는 안 된다.

제23조 인공지능 개발자는 합의된 안전 개발 지침에 의거하여 인공지능 제품과 서비스를 만들어야 한다.

제24조 개발자는 인공지능에 자체적인 의사결정 능력 부여시 고도의 주

의를 기울여야 한다.

제25조 개발자는 머신러닝 알고리즘을 적용할 경우, 제13조에 의한 빅데이터를 선별하기 위해 노력해야 한다.

(중략)

제4장 인공지능 소비자의 윤리

제33조 소비자는 인공지능 제품과 서비스를 타인을 해치거나 범죄의 목적으로 사용해서는 안 된다.

제34조 소비자는 인공지능 제품과 서비스를 올바른 방법으로 사용해야 한다.

제39조 인공지능 사용자와 소비자는 인공지능을 이용하여 영상, 이미지, 음성 등을 조작한 콘텐츠를 생성 및 배포할 경우, 해당 콘텐츠가 인공지능을 이용하여 제작한 콘텐츠임을 표지나 문서, 음성 등으로 사전에 밝혀야 한다.

출처: https://iaae.ai/aicharter

앞으로 다가올 미래의 인공지능기술은 어떤 모습일까요? 인종차별도 학습하는 인공지능이 설마 인간의 질투심까지 학습하진 않겠죠? 혹시나 〈아이로봇〉처럼 인공지능 로봇이 인간을 통제하는 시대가 오는 건 아닐지 허무맹랑한 상상도 하게 됩니다. 인공지능이 잘못 활용되는 미래를 대비하기 위해서라도 영화 〈아이로봇〉에서 등장한 로봇 3원칙을 인공지능에게 제일 먼저 학습시켜야 하는 것은 아닐까요?

나도 인공지능 코딩을 해볼까?

하루에도 수많은 영화 리뷰가 올라오고 있는데 이것을 일일이 사람이 분류하는 것은 어려운 일입니다. 그렇기 때문에 딥러닝을 통해 이런 문제를 해결할 수 있다는 것은 의미있는 일이죠. 엔트리의 인공지능 블록을 활용해 이제부터 '재미있다', '흥미롭다' 등의 단어를 긍정 혹은 부정으로 분류할 수 있도록 모델을 만들어보겠습니다.

41 기계번역을 위한 인공지능 코딩

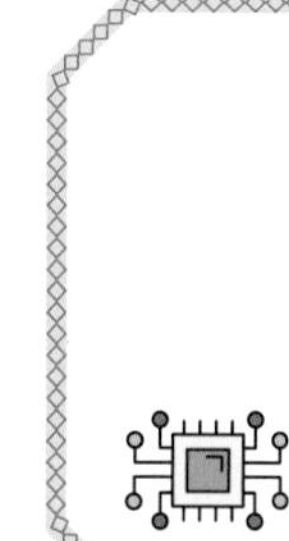

엔트리에서 제공하는 인공지능 블록은 번역 기능뿐만 아니라 비디오 감지, 오디오 감지 등 다양한 인공지능기술을 제공하고 있습니다. 이런 새로운 기술의 변화를 여러분도 경험할 수 있도록 이번 시간에는 엔트리의 인공지능 블록을 소개해보겠습니다.

182쪽의 그림은 엔트리의 작품만들기 화면에서 '인공지능' 버튼을 클릭한 화면인데요. 아직 어떤 종류의 인공지능을 사용하는지 정하지 않았기 때문에 인공지능 블록들이 나타나지는 않았습니다.

그럼 우리 함께 인공지능 블록을 정해볼까요? '인공지능 블록 불러오기'를 클릭하면 '번역, 비디오 감지, 오디오 감지, 읽어주기'가 나타나는데요. '번역' 블록을 선택해 한번 사용해보겠습니다.

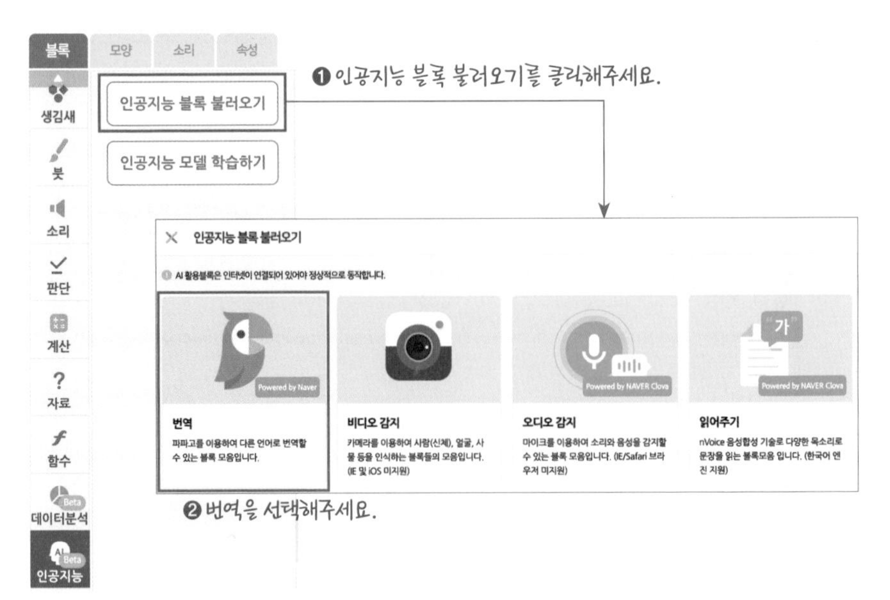

엔트리에서 번역 블록 선택하기

번역 블록을 선택하니 블록창에 다음과 같이 두 개의 블록이 추가됩니다. 첫 번째 블록은 한국어를 영어로 번역하는 블록이고, 두 번째 블록은 노란색 둥근 원 안에 있는 글자가 어떤 언어로 작성되었는지 알려주는 블록이지요.

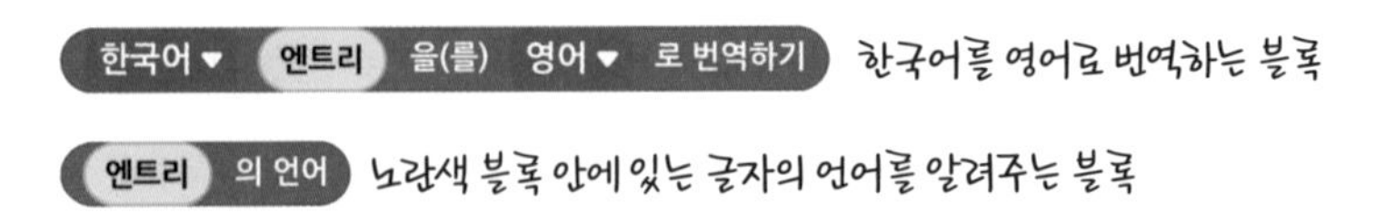

매우 간단한 블록처럼 보이지만, 기능은 강력하답니다. 영어,

중국어, 일본어 등 무려 13개 언어로 번역할 수 있거든요. 그럼 이제 이들 블록들이 어떻게 동작하는지 함께 살펴볼까요?

아래와 같이 노란색 블록 안에 '나는 아침에 늦게 일어났다'라고 한글로 된 문장을 작성하면 이것을 영어로 번역해줍니다.

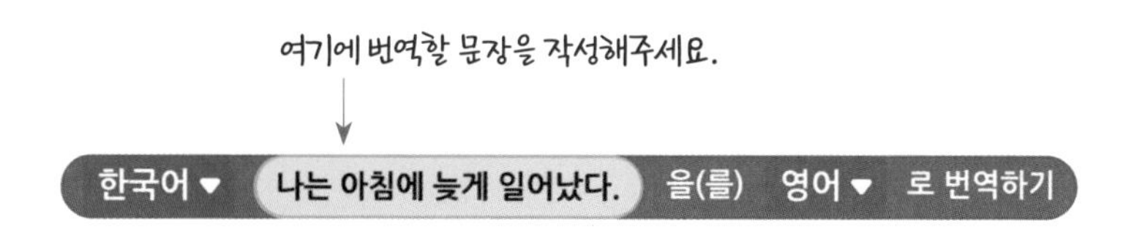

이번에는 엔트리 의 언어 블록을 사용해보겠습니다. 다음과 같이 노란색 부분에 'It is sunny'라는 문장을 입력하면 영어라고 말해주는군요.

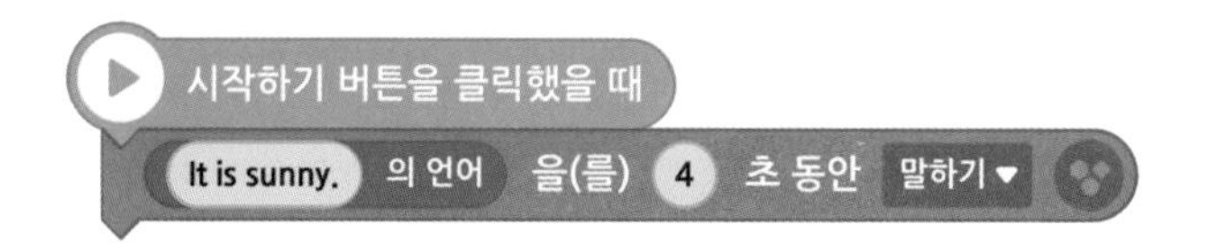

객체 인식을 위한 인공지능 코딩

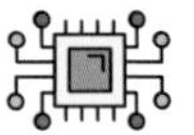

코딩을 통해 어떻게 객체를 인식할 수 있을까요? 우리는 잘 만들어진 API를 활용하면 되기 때문에 어려운 인공지능기술까지 공부하지 않더라도 객체 인식 기술을 쉽게 활용해볼 수 있습니다. 이를 위해 엔트리에서도 사람, 얼굴, 사물 등을 인식하는 '비디오 감지' 블록모음을 제공하고 있는데요. 그런 의미에서 이번에는 엔트리에서 제공하는 객체인식기능을 함께 실행해보겠습니다.

다음과 같이 AI 활용블록에서 '비디오 감지'를 선택하면 다양한 객체 인식 블록들이 제공되는데요

번역

파파고를 이용하여 다른 언어로 번역할 수 있는 블록 모음입니다.

오디오 감지

마이크를 이용하여 소리와 음성을 감지할 수 있는 블록 모음입니다. (IE/Safari 브라우저 미지원)

읽어주기

nVoice 음성합성 기술로 다양한 목소리로 문장을 읽는 블록모음 입니다. (한국어 엔진 지원)

아래의 블록이 바로 비디오 감지를 위한 블록들입니다. 이들 블록들은 카메라에서 영상을 입력받아 사람이나 사물을 인식할 수 있도록 만들어졌습니다.

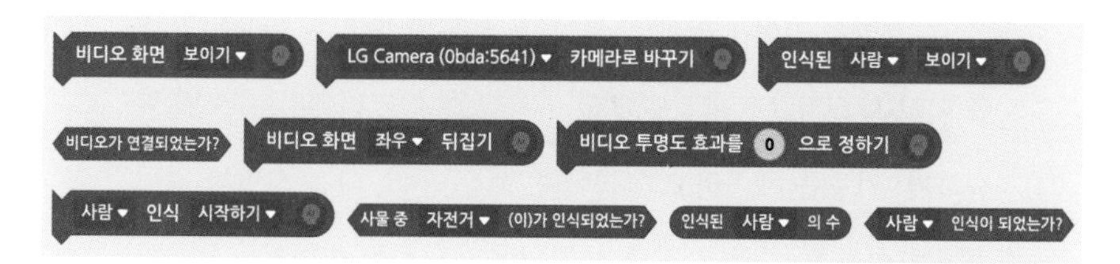

여러 블록 중 관심을 가져야 하는 블록은 바로 사물 인식 시작하기 블록입니다. 이 블록을 사용하면 비디오로 촬영된 영상에서 컵, 포크, 트럭, 가위 등의 사물을 인식할 수 있는데요. 자율주행차에서 사람과 자동차를 구분하는 기술도 유사한 기술이 활용되었답니다.

블록을 사용하는 방법은 매우 간단합니다. 아래와 같이 '비디오 화면 보이기' 블록을 사용하고, '사물인식 시작하기' 블록을 추가하면 됩니다. 그리고 어떤 사물이 인식되었는지를 판단하기 위해 사물 중 가위 (이)가 인식되었는가? 블록을 사용하면 우리가 원하는 사물을 인식하도록 만들 수 있습니다.

```
시작하기 버튼을 클릭했을 때
비디오 화면 보이기
사물 인식 시작하기
계속 반복하기
  만일 사물 중 가위 (이)가 인식되었는가? (이)라면
    가위가 인식되었습니다. 을(를) 4 초 동안 말하기
```

코드를 실행하면 카메라가 자동으로 켜지는데요. 카메라에 손으로 가위 모양을 보여주면 손 모양이 인식되어 '가위가 인식되었습니다'라는 결과가 출력됩니다.

손 모양을 인식해 가위, 바위, 보로 분류할 수 있는 이유는 모델을 미리 학습시켰기 때문인데요. 이를 위해 엔트리에서는 '모델 학습하기' 기능을 제공하고 있습니다. 예를 들어, 다음 사진과 같이 클래스 이름을 '가위'로 정하고, 가위에 해당하는 이미지를 등록하면 학습 데이터 입력이 완료됩니다.

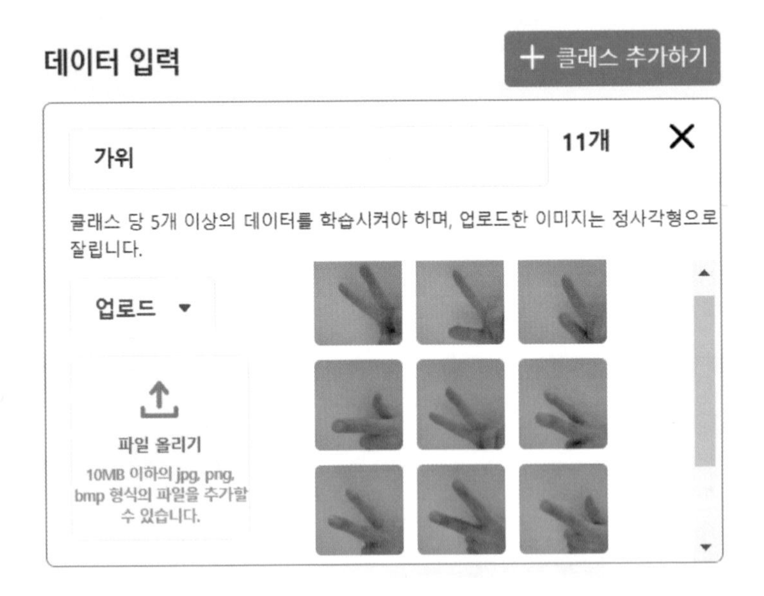

동일한 방법으로 바위, 보 클래스에 대해 사진을 업로드한 후, 모델을 학습하면 3개의 클래스를 분류할 수 있는 다중 클래스 모델이 탄생합니다. 이렇게 모델이 만들어지면 새로운 이미지도 가

위, 바위, 보 클래스로 분류할 수 있게 됩니다.

아래 '결과' 화면에서 가위 손 모양을 보여주니 '인식 결과: 가위'가 출력됩니다. 가위 손 모양을 '가위'로 인식해주는 것을 보니 학습이 제대로 완료된 것 같군요.

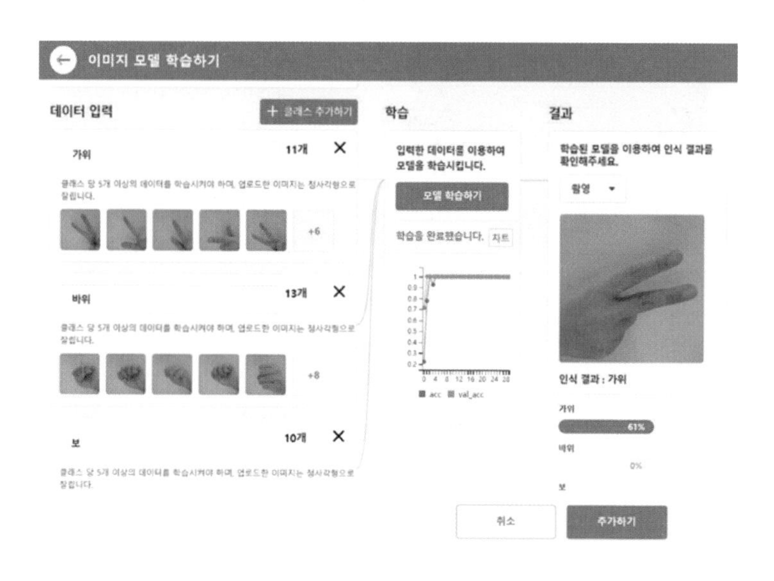

모델 학습이 완료되면 내가 만든 모델로 객체를 인식할 수 있도록 다음과 같은 블록이 나타납니다.

학습한 모델로 인식하기 블록을 통해 방금 전에 만든 모델을 사용할 수 있고, 인식결과가 가위 인가? 블록을 통해 인식결과가 맞는지를 확인할 수 있답니다. 이들 블록을 사용하는 방법은 정말 간단한데요.

간단하게 보이는 아래 블록은 카메라로 입력받은 영상이 어떤 모양인지를 정확하게 인식해줄 수 있는 똑똑한 앱으로 탄생할 수 있습니다.

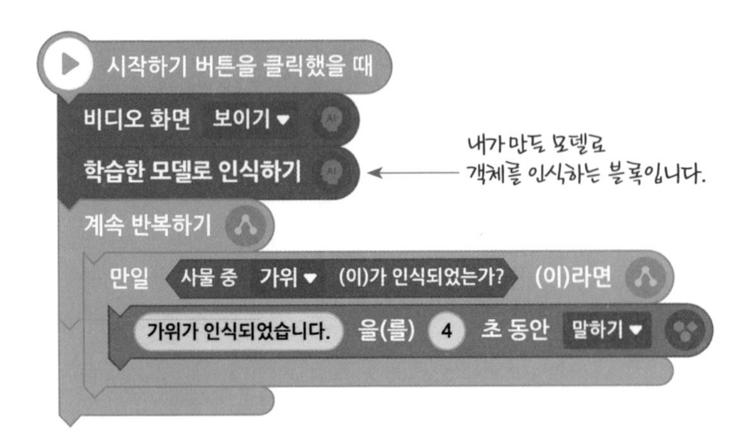

43 분류를 위한 인공지능 코딩

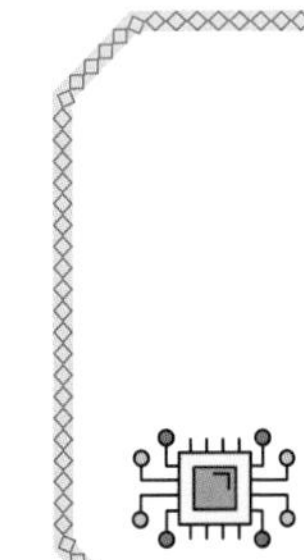

하루에도 수많은 영화 리뷰가 올라오고 있는데 이것을 일일이 사람이 분류하는 것은 무척 어렵습니다. 그렇기 때문에 딥러닝을 통해 이런 문제를 해결할 수 있다는 것은 의미있는 일이죠.

이번 시간에는 엔트리의 인공지능 블록을 활용해 어떻게 문장을 특정 그룹으로 분류할 수 있는지 설명하려고 합니다. 그럼 이제부터 '재미있다', '흥미롭다' 등의 단어를 긍정 혹은 부정으로 분류할 수 있도록 모델을 만들어보겠습니다. 아래 그림과 같이 '텍스

지도학습

분류: 이미지

업로드 또는 웹캠으로 촬영한 이미지를 분류할 수 있는 모델을 학습합니다.

지도학습

분류: 텍스트

직접 작성하거나 파일로 업로드한 텍스트를 분류할 수 있는 모델을 학습합니다.

지도학습

분류: 음성

마이크로 녹음하거나 파일로 업로드한 음성을 분류할 수 있는 모델을 학습합니다.

트'를 선택하면 텍스트 분류 모델을 만들 수 있습니다.

이 기능을 실행하면 다음과 같이 학습 데이터를 입력하고, 모델을 학습할 수 있는 화면이 나타나는데요.

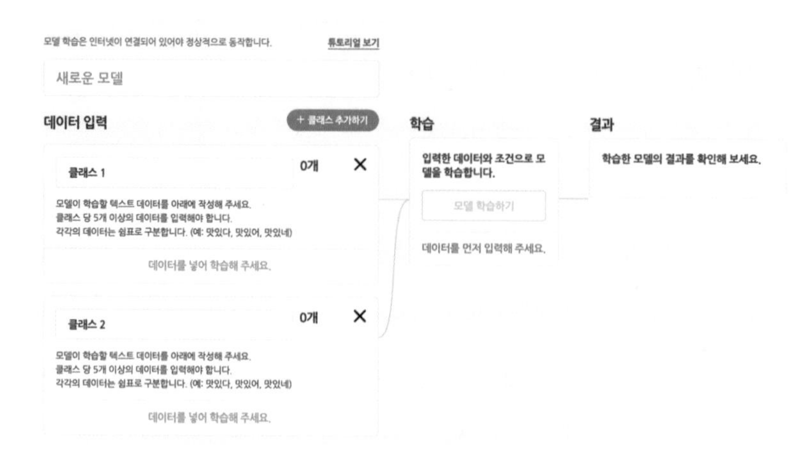

'긍정'과 '부정' 클래스를 2개 추가하고 각각의 클래스에 학습 데이터를 추가하면 모델을 학습시킬 준비가 완료된 것입니다. 예를 들어, 긍정 클래스에는 '재미있어요, 짜릿해요, 흥미진진해요'와 같은 데이터를 입력해주고, 부정 클래스에는 '재미없어요, 지루해요, 돈이 아까워요'와 같은 데이터를 입력해주면 되지요.

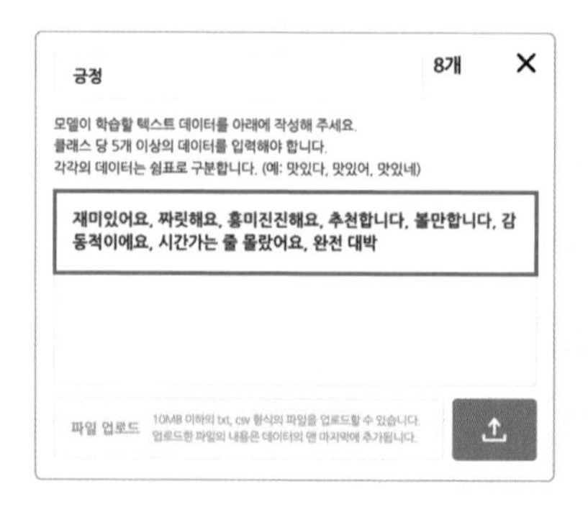

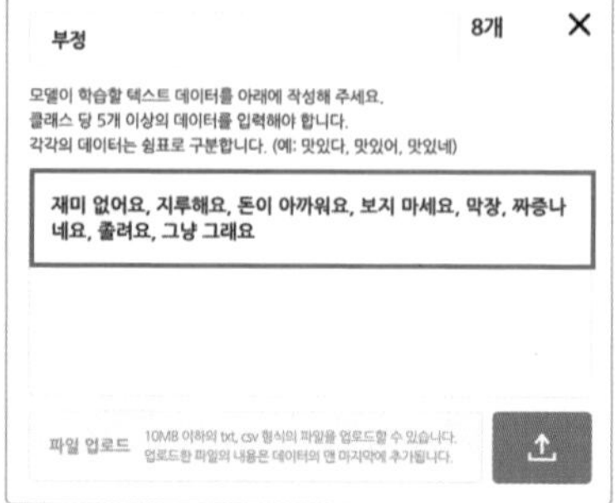

학습 데이터 입력이 끝나면 '모델 학습하기' 버튼을 클릭해야 하는데요. 학습 데이터가 많지 않아 금세 모델 학습이 끝나는군요.

이제 모델이 잘 만들어졌는지 한번 확인해볼까요? 아래에서 녹색 입력상자에 학습 데이터에는 없는 새로운 문장('영화 완전 짱이에요')을 입력하니 '긍정'이라는 인식결과가 나타납니다. 학습하지 않은 새로운 문장이 들어와도 긍정이라고 인식한다는 점이 참 흥미롭습니다.

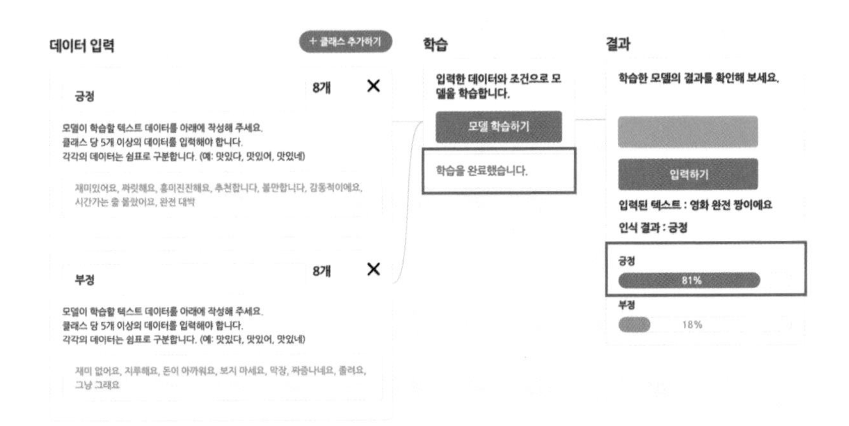

44 동작과 표정 인식을 위한 인공지능 코딩

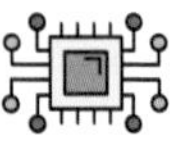

엔트리 블록에서도 사람의 움직임을 인식해주는 블록을 제공하고 있습니다. 다음과 같이 움직임 블록이나 신체의 좌표 값을 통해 움직임을 파악할 수 있는데요. 사람의 손목을 인식하고, 이것의 위치가 바뀌면 손목이 움직였다고 인식합니다. 유사하게 입꼬리가 올라가면 표정이 바뀌었다고 인식할 수 있지요.

자신▼ 에서 감지한 움직임▼ 값 | 1▼ 번째 사람의 왼쪽 손목▼ 의 x▼ 좌표
1▼ 번째 얼굴의 왼쪽 눈▼ 의 x▼ 좌표 | 1▼ 번째 얼굴의 왼쪽 입꼬리▼ 의 x▼ 좌표

이렇게 엔트리 블록을 이용해 동작인식뿐만 아니라 얼굴의 표정도 인식할 수 있습니다. 다음과 같이 카메라로 얼굴을 촬영하여 활짝 웃는 모습을 보이니 엔트리가 '행복'이라는 결과를 말해줍니다. 반대로 입꼬리가 내려가니 '슬픔'이라는 결과를 보이는군요.

어떻게 이렇게 만들 수 있냐고요? 방법은 아주 간단합니다. 엔트리에서 얼굴을 인식해 표정을 판단해주는 인공지능 블록들을 사용하면 되지요. 엔트리에서는 다음과 같이 사람의 신체, 얼굴의 표정 등을 감지할 수 있도록 비디오 감지 블록을 제공하거든요.

비디오 감지 블록들은 다음과 같습니다. 얼굴을 인식하고, 나이와 감정 그리고 성별을 인식할 수 있는 블록이 보이는군요. 앞에서 엔트리가 '행복'과 '슬픔'이라는 말을 할 수 있었던 것도 바로 아래 블록들을 활용한 결과입니다.

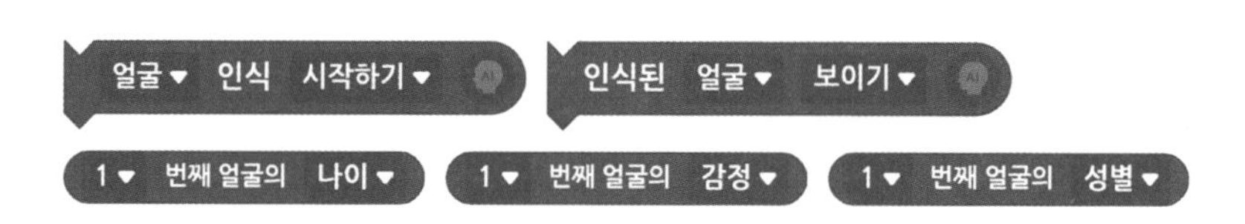

45

음성 인식을 위한 인공지능 코딩

음성을 어떻게 학습할 수 있을까요? 내 목소리를 이용해도 학습이 가능할 걸까요? 이런 궁금증을 가진 여러분께 이번 시간에는 엔트리에서 제공하는 음성모델 학습 기능을 소개하려고 합니다.

엔트리에서 인공지능 블록 아이콘 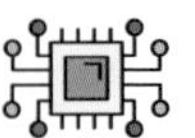

을 클릭하면 다음과 같이 '인공지능 블록 불러오기'와 '인공지능 모델 학습하기' 기능을 제공합니다. 여기서 '인공지능 모델 학습하기' 기능은 머신러닝 알고리즘에 입력 데이터와 레이블을 넣어주고 이를 학습하게 하는 기능인데요.

인공지능 블록 불러오기 | 인공지능 모델 학습하기

이 기능을 실행하면 다음과 같이 이미지, 텍스트, 음성에 대한 학습하기 기능을 제공합니다.

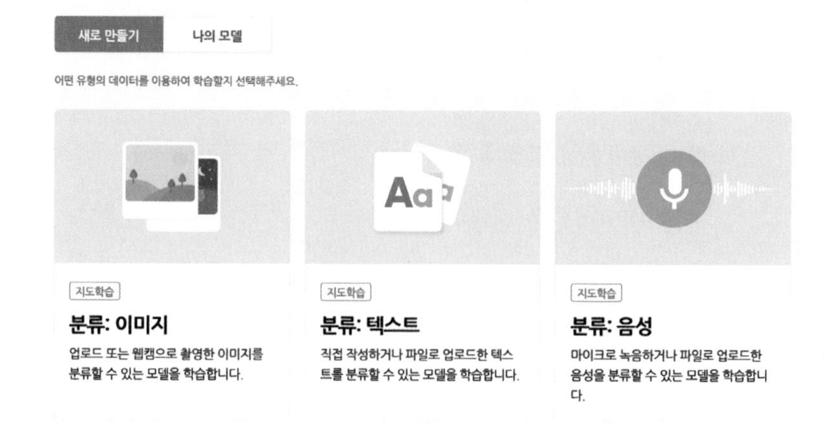

여기서 '음성'을 선택하면 다음과 같이 음성모델 학습하기 창이 나타납니다. 그리고 이 모델의 이름을 '내 목소리 학습'으로 지어주었습니다.

이제 학습 데이터를 함께 녹음해볼까요? 목소리를 가다듬고 '오늘은 방학이야'라고 말했습니다. 이 과정을 5번 반복해서 녹음

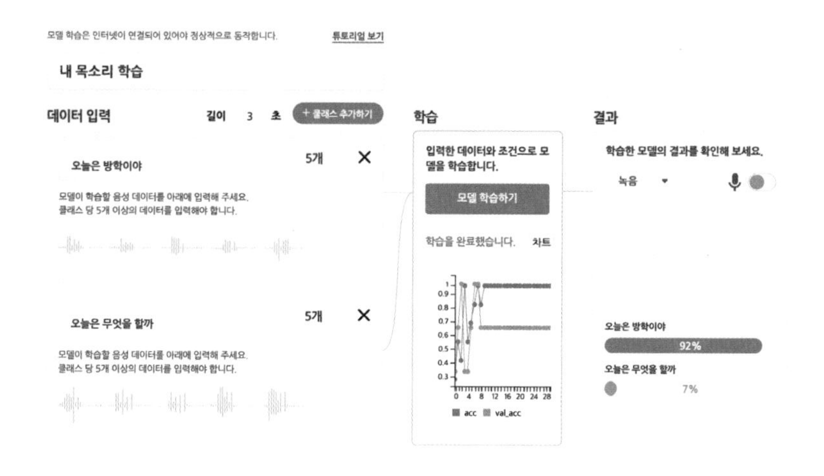

하면 5개의 노란색 파형이 나타나는군요.

지도학습을 해야 하기 때문에 학습 데이터에 레이블을 정해주어야 합니다. 예를 들어 녹음한 내용과 동일하게 '오늘은 방학이야'라고 레이블을 정해주면 됩니다.

학습하기 버튼을 클릭하니 다음과 같이 학습 진행상황을 확인할 수 있습니다. 진행상태 창 아래에 차트에서는 acc와 val_acc를 보여주는데요. acc는 학습 데이터에 대한 정확도를 의미하고, val_acc는 검증 데이터★에 대한 정확도를 의미합니다.

★ 검증 데이터는 앞에서 설명한 것처럼 일종의 모의고사 문제에 해당한답니다.

모델의 학습이 완료되면 197쪽 왼쪽 그림과 같이 모델이 잘 만들어졌는지 확인할 수 있습니다. 마이크 모양의 '녹음'을 선택해 마이크 사용을 활성화하면 목소리를 녹음할 수 있는데요. '오늘은 방학이야'라고 말

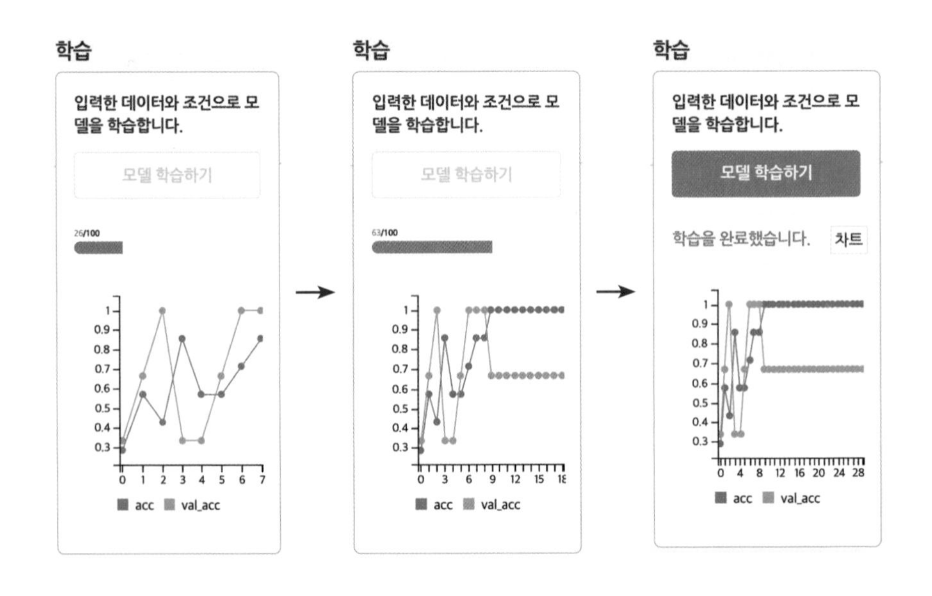

을 하면 다음과 같이 녹색 파형이 나타나는군요.

결과

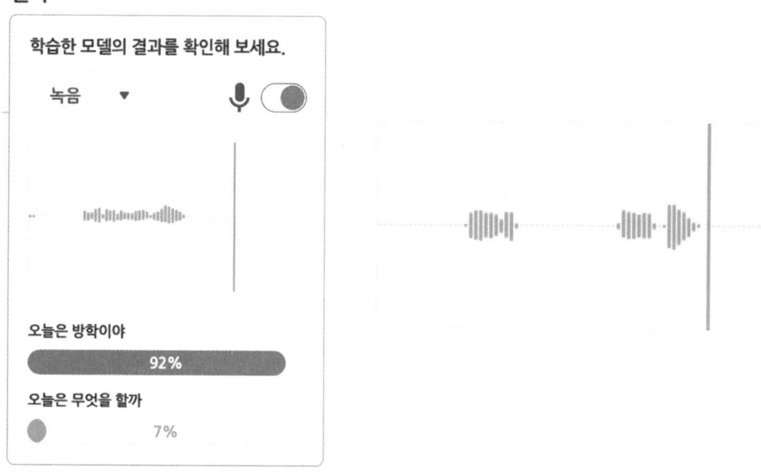

목소리 녹음이 완료되자 인식 결과가 "오늘은 방학이야"라고 나타나는 것을 보니, 모델이 제대로 내 음성을 인식한 것 같습니다.

두 개의 클래스를 만들었기 때문에 결과 화면에서도 아래와 같이 정확도가 나타납니다. '오늘은 방학이야'가 92%이지만, '오늘은 무엇을 할까'는 7%인데요. 이렇게 우리가 만든 모델은 두 개의 클래스에서 정확도가 높은 클래스로 분류해준답니다.

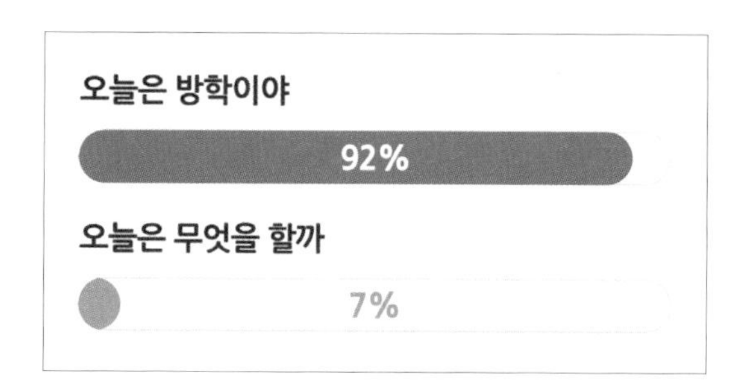

더 읽어보기

12. 데이터 댐을 왜 만들까?

· '데이터 댐'이 뭐예요?
https://www.bloter.net/newsView/blt202007150021
· 대공황기에 실업자 구제한 후버댐
http://www.atlasnews.co.kr/news/articleView.html?idxno=2749
· 한국 IT 발전소 '데이터댐' 어디까지 왔나
https://moneys.mt.co.kr/news/mwView.php?no=2021091021128078543

21. 네이버 파파고 vs 구글 번역

· The Story of Google Translate: Past, Present, and Future https://www.youtube.com/watch?v=juptbCRFl4U
· AI기술은 어떻게 '번역 서비스' 확 바꿨나
https://zdnet.co.kr/view/?no=20170313113948
· 존댓말 쓰는 파파고…네이버 "높임말 번역기능 도입"
https://www.sedaily.com/NewsVIew/1VE327R56B
· 인공신경망 VS 통계기반 번역, 뭐가 다를까?
https://zdnet.co.kr/view/?no=20161223190944

23. 번역가라는 직업이 사라질까?!

· 구글 번역 최고담당자의 예상밖 답변 "번역기가 인간을 완전 대체하는 시점은 오지 않을 수도"
https://biz.chosun.com/site/data/html_dir/2017/09/26/2017092601082.html

24. 텍스트를 음성으로 바꿔주는 기술, TTS

· 'AI 성우'가 영어로 감정 연기한다…TTS기술 어디까지 왔나
https://www.newspim.com/news/view/20200622000768
· 인간을 모사하는 TTS, 맞춤형 서비스로 진화하다
http://www.sobilife.com/news/articleView.html?idxno=26713
· AI와 만난 TTS, 목소리까지 훔치다
https://m.etnews.com/20190701000235
· 점점 알아채기 힘든 AI 성우 목소리 딥페이크 판별해낼 기술도 중요해져
https://www.mk.co.kr/news/culture/view/2020/07/781995/

25. 책 읽어주는 비서와 AI 앵커

· KBS 재난 속보, AI 아나운서가 전해준다
http://www.inews24.com/view/1263854
· 감정까지 표현하는 AI 성우, 오디오 시장서 적극 활용해야
https://www.mk.co.kr/news/business/view/2020/07/727160/
· AI 품은 오디오북…출판시장 '볼륨업'
https://www.sedaily.com/NewsVIew/1VO9OGR93H

26. TTS가 범죄에 악용된다면?

· A Voice Deepfake Was Used To Scam A CEO Out Of $243,000
https://www.forbes.com/sites/jessedamiani/2019/09/03/a-voice-deepfake-was-used-to-scam-a-ceo-out-of-243000/?sh=1a77de2a2241

· 딥페이크의 시대, 인공지능 이용한 사기 어떻게 막나
http://news.khan.co.kr/kh_news/khan_art_view.html?art_id=201909220923011#csidxbb9487bcf58ce9aa3cccc70a4aedfaf

· 'AI범죄'가 온다…AI합성으로 보이스피싱하고 자율주행으로 주택침입
https://www.seattlen.com/bbs/board.php?bo_table=News&wr_id=31374

29. Just Walk Out, 아마존 고!

· Introducing Amazon Go and the world's most advanced shopping technology
https://youtu.be/NrmMk1Myrxc

· 아마존 고 핵심 '저스트 워크 아웃'…자율주행차처럼 자동 추적 기술
https://www.mk.co.kr/news/economy/view/2018/01/58320/

· 아마존 고는 어떤 기술이 적용되었나?
digitaltransformation.co.kr/아마존고amazon-go는-어떤-기술이-적용되었나

30. 자율주행차의 객체 인식

· Self Driving Car Object Detection & Classification
https://youtu.be/0iuCruB1wcs

· How do Self-Driving Cars See?

https://towardsdatascience.com/how-do-self-driving-cars-see-13054aee2503

· 자율주행자동차 핵심은 영상인식 https://www.sciencetimes.co.kr/news/자율주행자동차-핵심은-영상인식

31. 내 움직임을 인식해줘! 무브 미러

· 모션 캡처와 인공지능의 조합 'Move Mirror'
https://stonebc.com/archives/6477

· Machine Learning: changing the game of Motion Capture
https://www.foundry.com/insights/machine-learning/motion-capture

· AI한테서 배우는 K팝 댄스…동작 인식 솔루션 개발
https://www.hankyung.com/society/article/202004085694Y

33. 인공지능이 보안문자도 인식해버리면?

· 누구냐 넌? 사람과 로봇을 구분하는 캡차
https://blog.lgcns.com/1023

· 보안기술 '캡차' 뚫는 인공지능 나왔다
https://www.donga.com/news/article/all/20171027/86977937/1

34. 마이너리티 리포트가 현실로?

· AI와 CCTV 결합된 '한국형 마이너리티 리포트' 기술 나온다
https://www.seoul.co.kr/news/newsView.php?id=20200102500043

35. 내 기분을 알아주는 인공지능

- SW미래직업가이드 - 인공지능 영상인식기술 분야
  http://swweek.kr/um/um03/um0301/um030104/um030104View.do?postId=33638&cpage=2&s_sort=T
- 표정 읽고 감정도 분석…AI 진화 어디까지?
  https://ebn.co.kr/news/view/1012008

36. 출입통제를 위한 얼굴인식

- "스쳐지나도 똑똑하게 알아본다", AI 얼굴인식 기반 출입 서비스 확산
  http://www.epnc.co.kr/news/articleView.html?idxno=93991
- 페이스북, '얼굴 자동 인식' 기능을 기본 설정에서 제외키로 한 이유
  http://news.khan.co.kr/kh_news/khan_art_view.html?art_id=201909041112001
- 얼굴인식기술 어디까지 왔나?
  https://blog.lgcns.com/1867
- 인공지능 기반 얼굴인식 출입국관리시스템 개발 시작
  https://www.irobotnews.com/news/articleView.html?idxno=21629

37. 인공지능으로 감시하는 빅브라더 사회

- 'AI 안경' 쓴 경찰, '당신 범인이지'…촘촘해지는 중국 '감시사회'
  http://www.hani.co.kr/arti/international/china/831434.html
- '3차대전'부터 '빅브라더'까지…AI 관한 무서운 예측 5가지
  https://www.chosun.com/site/data/html_dir/2018/08/03/2018080302292.html
- 빅 브라더를 위한 인공지능, 안면인식의 의미와 스푸핑
  https://www.itworld.co.kr/t/62085/웹서비스/163695

· IBM, MS, AWS 등 AI 얼굴인식 사업포기 및 중단… 중국, AI 얼굴인식기술 천하통일 하나?
https://www.aitimes.kr/news/articleView.html?idxno=16693
· 편리한 줄 알았더니…중국 '얼굴인식' 쓰레기통의 반전
https://kr.theepochtimes.com//편리한-줄-알았더니-중국-얼굴인식-쓰레기통의-반전_545840.html
· 놀랍지만 위험한 기술… 얼굴인식
https://scienceon.kisti.re.kr/srch/selectPORSrchTrend.do?cn=SCTM00178173
· AI 얼굴인식으로 출입 게이트 통과한다
https://www.ajunews.com/view/20200812091114952
· 코로나와 빅브라더 사회
https://www.onews.tv/news/articleView.html?idxno=87741

38. 인공지능의 인종차별

· 요즘 대세 'AI 면접' 실제로 해보니...이렇게만 하면 합격한다
https://www.sedaily.com/NewsVIew/1YXRB22X44
· MS, 인공지능 인종차별 발언에 사과
http://www.hani.co.kr/arti/international/international_general/736959.html

39. 양날의 칼, 인공지능

· 미래 일자리: 2030년이면 로봇이 전 세계 제조업 일자리 2천만 개 대체
https://www.bbc.com/korean/news-48767978
· Jobs lost, jobs gained: What the future of work will mean for jobs, skills, and wages
https://www.mckinsey.com/featured-insights/future-of-work/

jobs-lost-jobs-gained-what-the-future-of-work-will-mean-for-jobs-skills-and-wages

40. 인공지능 윤리를 고민할 때

· "이력서에 '여성' 들어가면 감점"…아마존 AI 채용, 도입 취소
https://www.chosun.com/site/data/html_dir/2018/10/11/2018101101250.html
· 윤리적 인공지능을 위하여
https://www.etnews.com/20201124000061
· '인공지능(AI) 윤리 가이드라인'의 중요성과 국가별 대응 현황
https://ethics.moe.edu.tw/files/resource/ebook/file/ebook_01_kr.pdf

청소년을 위한 교실 밖 인공지능 수업

1판 1쇄 펴냄 2022년 7월 25일
1판 2쇄 펴냄 2023년 6월 5일

지은이 김현정

주간 김현숙 | **편집** 김주희, 이나연
디자인 이현정, 전미혜
영업·제작 백국현 | **관리** 오유나

펴낸곳 궁리출판 | **펴낸이** 이갑수

등록 1999년 3월 29일 제300-2004-162호
주소 10881 경기도 파주시 회동길 325-12
전화 031-955-9818 | **팩스** 031-955-9848
홈페이지 www.kungree.com
전자우편 kungree@kungree.com
페이스북 /kungreepress | **트위터** @kungreepress
인스타그램 /kungree_press

ISBN 978-89-5820-778-8 03360

책값은 뒤표지에 있습니다.
파본은 구입하신 서점에서 바꾸어 드립니다.